# COMPTABILITÉ

| | | |
|---|---|---|
| *Plus de partie simple.* | *Société en noms collectifs.* | Partie simple. |
| *Plus de parties doubles.* | *Société en commandite.* | Parties doubles. |
| *Plus de comptes généraux.* | *Sociétés anonymes.* | Journal G$^{d}$-Livre. |
| *Plus de Journal.* | *Sociétés coopératives.* | Comptabilité. |

PAR

A.$^{TE}$ BEAUCHERY

COMPTABLE DE LA SOCIÉTÉ : *les Équitables de Paris.*

1$^{re}$ ÉDITION

Publiée par A$^{te}$. PERDREAU, Comptable, à Lille,

6, RUE DU FAUBOURG-NOTRE-DAME, 6.

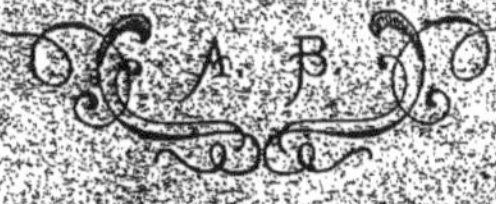



IMPRIMERIE DE WILMOT-COURTECUISSE, BOULEVARD VALLON, LILLE

# COMPTABILITÉ

| | | |
|---|---|---|
| *Plus de partie simple.* | *Sociétés en noms collectifs :* | Partie simple. |
| *Plus de parties doubles.* | *Sociétés en commandite :* | Parties doubles. |
| *Plus de comptes généraux.* | *Sociétés anonymes :* | Journal Grand-Livre. |
| *Plus de Journal.* | *Sociétés coopératives :* | Comptabilité. |

PAR

A. BEAUCHERY

Comptable de la société : *les Équitables de Paris.*

Publiée par A^te. PERDREAU, Comptable, à Lille,
6, rue du Faubourg-Notre-Dame, 6.



LILLE,
IMPRIMERIE WILMOT-COURTECUISSE, BOULEVARD VALLON.

1869

Paris, 13 Janvier 1869.

A Monsieur A.te PERDREAU,

Comptable à Lille,

6, RUE DU FAUBOURG-NOTRE-DAME.

Mon cher ami, la Comptabilité de l'avenir ou *Révolution dans la Comptabilité* que j'ai publiée en trois volumes depuis quatre années, vous a semblé trop approfondie pour les non-initiés à cette science, et vous me tourmentez depuis six mois pour son abréviation pratique dans une édition populaire. — Soyez satisfait.

Je viens de terminer cette édition et je vous l'envoie pour en faire ce qu'il vous plaira : une chose publique ou privée !

Au milieu de mes travaux journaliers ce supplément m'a été très-pénible; mais vous avez tellement coopéré à la propagation de mon œuvre, vous avez apporté un si grand dévouement à la vulgarisation de l'idée, que je me suis senti le courage de faire pour vous au-delà du possible.

Que le succès couronne vos efforts, je le souhaite ; quant à moi je désespère, pour le moment, d'un examen sérieux ou d'une étude consciencieuse de nos contemporains.

Mes amitiés bien sincères,

Ate. BEAUCHERY,

*165, Avenue de Choisy, 165.*

*P. S.* Faites part de ce résumé à notre ami M. Trapet, Comptable à Dijon, « **pour lui témoigner la reconnaissance que mérite la critique qu'il a faite** » « **des trois volumes de ma révolution. Dites-lui que sa brochure est acquise** » « **GRATIS, à tout acquéreur de cette édition populaire, qui doit la réclamer au** » « **libraire.** »

1867 — N° 14. Extrait de l'*Echo du Nord*. Lundi 14 janvier.

# CORRESPONDANCE PARTICULIÈRE

*Paris, 12 janvier 1867.*

A Monsieur le Rédacteur de l'*Écho du Nord* :

Monsieur,

Pour mes étrennes de 1867, on m'annonce une révolution..... Vous pâlissez ! Il s'agit d'une révolution dans la comptabilité. Wagner a voulu en faire une dans la musique. Regardez autour de vous, la révolution est partout, dans l'art d'aligner les rues et de bâtir les maisons, dans celui d'embellir nos carrefours, nos promenades, nos jardins, etc.

M. Ate Beauchery, une de nos connaissances, a entrepris à lui seul une révolution dans la tenue des livres et dans l'art de grouper les chiffres. Je vous ai parlé dans le temps des deux premières parties de son œuvre. Aujourd'hui, c'est la troisième qui paraît. La triade financière est au grand complet. C'est M. Beauchery qui soutenait, vous vous en souvenez peut-être, qu'on ne pouvait pas être bon député au Corps législatif, si on ne connaissait pas la tenue des livres. Un fonds de vérité se dégage de cette exagération. Richelieu, Louis XIV, Napoléon, connaissaient certainement la tenue des livres, bien qu'ils ne fussent pas destinés à la carrière commerciale. Il n'y a ni méthode ni ordre dans les affaires de la politique quand le désordre règne au foyer, et celui qui ne sait le nombre de bouteilles qu'il a dans sa cave, n'est pas du bois dont on fait les ministres et hommes d'État. Le comte Beugnot raconte, dans ses mémoires que Madame Mère, l'Impératrice Lœtitia, savait mieux que son cuisinier le prix du poisson, de la viande, des fruits qu'il achetait au marché, et par contre, si Napoléon avait consulté sa mère, il n'aurait pas fait la campagne de 1812.

Je ne puis entrer ici dans les détails financiers de la *Comptabilité de l'avenir* préconisée par M. Beauchery. Son œuvre consciencieuse est peut-être le résultat de dix ans d'études assidues et patientes, et, choses curieuses, les faits y abondent autant que les chiffres, l'érudition autant que la logique. Un si honnête et si intéressant labeur, mérite l'attention des hommes spéciaux, et surtout des commerçants. Quand aux encouragements de l'administration, ils n'ont pas manqué, je crois, à ce persévérant simplificateur, et ne lui feront pas défaut à l'avenir.

J'avais d'abord parlé du livre de M. Beauchery, avant de connaître sa personne, il a bien voulu, récemment me faire visite pour m'expliquer ses idées. Je regrette de n'avoir pu causer avec lui aussi longtemps qu'il aurait été désirable ; mais, je vous déclare en toute sincérité, que cette entrevue n'a fait qu'accroître ma sympathie pour ce bon et rude ouvrier de la pensée.

H. Ferrier.

# COMPTABILITÉ

— Qu'est-ce que la tenue des livres? *Un art!*

— Que doit-elle être? *Une science!*

— Que sera-t-elle alors? LA COMPTABILITÉ!

— Qu'est-ce qu'un art? Un agencement intelligent mais sans principe!

— Qu'est-ce qu'une science? L'ensemble des lois qui régissent une matière!

— Qu'entend-t-on par tenir des livres?

C'est consigner ou enregistrer, sur des livres, dans un ordre quelconque, les faits et gestes du travail, de l'industrie, du commerce.

— Y a-t-il plusieurs procédés? TROIS.

*Les tenues de livres en partie simple, en parties doubles, par le Journal Grand-livre.*

Donc la science n'est pas faite, le quatrième terme de la proportion manque.

— Qu'est-ce que la tenue des livres en parties simples?

La consignation, dans des *comptes*, de ce que les PERSONNES doivent, de ce qui leur est dû.

— Qu'est ce que la tenue des livres en parties double?

1° La consignation, dans les *comptes*, de ce que les PERSONNES se doivent réciproquement.

2° La consignation, dans des *comptes*, de ce que les PERSONNES doivent aux CHOSES.

3° La consignation, dans des *comptes*, de ce que les CHOSES se doivent réciproquement.

4° La consignation, dans des *comptes*, de ce que les CHOSES doivent aux PERSONNES.

— Qu'est ce que la tenue des livres au moyen du Journal Grand-livre?

1° La consignation, dans des *colonnes*, de ce que les CHOSES se doivent réciproquement.

2° La consignation dans des *colonnes*, de ce que les CHOSES doivent aux PERSONNES.

3° La consignation, dans des *colonnes*, de ce que les personnes doivent AUX CHOSES.

Il y a donc à constater ici la progression.

La partie simple ne se préoccupe que des personnes, le subjectif.

Les parties doubles y ajoutent les choses, l'objet, l'objectif.

Mais comme, par imitation de la partie simple, les parties doubles se servent de *comptes*, le Journal Grand-livre s'oppose à cette pratique longue, difficultueuse, et anormale; ne trouvant pas mieux il propose des colonnes disposées sur la page de droite du Journal.

C'est un progrès et une protestation mais encore fait après coup.

C'est à ce moment que surgit la *Révolution dans la Comptabilité* et qu'elle pose ces deux questions :

1° Y a-t-il logicité à ce que les choses doivent, qu'elles se doivent, qu'il leur soit dû, donc qu'elles aient des comptes ? si oui :

2° Y a-t-il une classification unique et normale de ces comptes ?

« A cela la Comptabilité répond : NON, aux deux questions ! »

La loi qui régit les personnes ne peut-être la même pour les choses.

— Les personnes doivent et il leur est dû, elles se doivent entre elles.

— Les choses entrent et sortent, s'échangent.

Le système dit : Journal Grand-livre est la première protestation contre cette subjectivité de la matière, contre cette assimilation de rôles entre l'objet et le sujet. — Mais ce n'est pas tout : la confusion étant admise un instant, faudrait-il que la classification de ces comptes fût exacte, que l'opposition, le dualisme fut intègre, égal, complet.

Or, c'est ce qui n'a pas lieu. Un débit est bien opposé à un crédit ; mais sans péoccupation d'opposer une valeur à une personne, et c'est cependant en quoi réside la science : *l'équilibre à maintenir entre l'homme et la nature, entre le sujet et l'objet, entre l'objet et la matière !*

— Cependant toutes les hypothèses de transactions personnelles se résument dans :

CAPITAL ; *Pertes et profits ;* *Escompté sur march*[se]; DÉBITEURS; *Pertes et profits ;* *Escompte sur valeurs ;* CRÉDITEURS ;

— Toutes les transformations des valeurs commerciales s'expriment par : MARCHANDISES ; *Frais Généraux ;* EFFETS A RECEVOIR, *Caisse;* EFFETS A PAYER.

Ce qui procure deux séries égales et faciles à opposer en cinq parties.

| | |
|---|---|
| 1° *Capital*. | 1° *Marchandises*. |
| 2° Escompte et intérêts sur march$^{se}$. | 2° *Frais généraux*. |
| 3° *Débiteurs*. | 3° *Effets à recevoir*. |
| 4° Escompte et intérêts sur valeurs. | 4° *Caisse* ou espèces. |
| 5° *Créditeurs*. | 5° *Effets à payer*. |

Donc la fausse pratique de donner, en parties doubles, des comptes aux choses par imitation de la partie simple, qui, logiquement, en ouvre aux personnes; cette confusion des fonctionnements n'autoriserait pas une classification sans principe et variant selon le caprice de chacun.

Mais elle est rejetée par le sens commun, c'est donc un bouleversement à introduire dans les usages? eh bien NON!

La pratique *d'un* brouillard, en partie simple, s'est communiquée aux parties doubles, pour faire ordonner par la loi *un* journal dans tous les systèmes. Puis la multiplicité des opérations et la division du travail ont nécessité l'emploi des livres auxiliaires ou *plusieurs* brouillards, d'où doit découler la législation de *plusieurs* journaux. — C'est ce qui se pratique.

Ces livres auxiliaires ou brouillards sont tenus actuellement, grâce aux progrès de l'instruction, aussi correctement que des journaux ou mises au net, donc peuvent les remplacer. — De plus, ils se trouvent être en nombre égal, à un près, aux comptes classés tout-à-l'heure. Donc ils les rendent inutiles se trouvant supérieurs à eux, composés, qu'ils sont, au moment même où l'opération a lieu et se complètant de renseignements et détails que les comptes ne comportent pas.

Voici ces livres en usage :

| | RÉPONDANT AUX C$^{tes}$ DE : |
|---|---|
| 1° *Achats et ventes*. | 1° *Marchandises*. |
| 2° *Petite caisse*. | 2° *Frais généraux*. |
| 3° *Entrée et sortie des Effets à recevoir*. | 3° *Effets à recevoir*. |
| 4° *Caisse*. | 4° *Caisse*. |
| 5° *Entrée et sortie des Effets à payer*. | 5° *Effets à payer*. |

— PUIS —

| | RÉPONDANT AUX C$^{tes}$ DE : |
|---|---|
| 1° *Inventaire*. | 1° *Capital*. |
| 2° *Escompte et Intérêts sur Marchandises*. | 2° *Pertes et Profits* sur March$^{se}$. |
| 3° *Balance* des comptes débiteurs. | 3° *Grand-livre* des C$^{tes}$ débiteurs. |
| 4° *Escompte et intérêts* sur valeurs. | 4° *Pertes et Profits* sur valeurs. |
| 5° *Balance* des comptes créditeurs. | 5° *Grand-livre* des C$^{tes}$ créditeurs. |

La COMPTABILITÉ se trouve ainsi découverte, soit la science : « emploi des *comptes* de la partie simple, des *livres* de la partie » « double. Suppression du *journal* pour être remplacé par des jour- » « naux jusqu'ici dénommés livres auxiliaires. Suppression des comptes » « que ceux-ci représentent. D'où découle : instantanéité dans l'exécu- » « tion ; abréviation du travail de la moitié au moins : suppression de » « termes ou d'expressions sauvages et destinées à faire connaître les » « comptes de valeurs à créditer ou à débiter ; logicité, dualisme, oppo- « sition, balance, vérité, exactitude ! »

LA RÉVOLUTION EST FAITE.

---

## OBSERVATIONS GÉNÉRALES

— Tout ce qui sert à créer, à produire, est *frais de fabrication*.
— Tout ce qui sert à conserver, à entretenir, est frais généraux.

---

— L'intérêt est un retard de paiement, l'escompte est une avance.
— L'intérêt s'ajoute aux sommes dues, l'escompte se retranche.

---

— L'escompte sur marchandise est celui sur paiement de factures.
— L'escompte sur valeurs est celui sur négociation de valeurs.

---

— Néanmoins l'escompte sur marchandise est de deux sortes :

1° celle indiquée ci-dessus qui s'accorde pour avance de paiement d'une ou plusieurs factures, avance qualifiée de : *comptant* ;

2° celle qui n'a rapport qu'aux diminutions des prix obtenues par la perfection des procédés de fabrication, et qui, partant de 5% peut s'élever à 50 %, doit se retrancher instantanément des prix d'achats et de ventes, jusqu'au jour où le prix exact sera désigné sans être augmenté de cette fiction.

---

N. B. — *Le titre de chaque livre doit se mettre sur sa couverture*

# LIVRE DE CAPITAL (1)

**INVENTAIRE** *au 1er Octobre 1868.*

| Folios du livre d'entrée. | Nos | Mètres Quantité | Marchandises. | PRIX | | | | PASSIF | | ACTIF | |
|---|---|---|---|---|---|---|---|---|---|---|---|
| 1 | 1 | 25 | Laine douce | 3 | 75 | 93 | 75 | | | | |
| 1 | 2 | 25 | Drap noir | 15 | » | 375 | » | | | | |
| 1 | 2 | 13 | Fantaisie d'été | 7 | 50 | 97 | 50 | | | | |
| 1 | 4 | 15 | do | 6 | 25 | 93 | 75 | | | | |
| 1 | 5 | 50 | Velours de laine | 20 | » | 1000 | » | | | | |
| 1 | 6 | 20 | Drap bleu (amazone) | 13 | » | 260 | » | | | | |
| 1 | 7 | 18 | Laine et coton | 2 | 75 | 49 | 50 | | | | |
| 1 | 8 | 60 | Zéphir grenat | 6 | 50 | 390 | » | | | | |
| 1 | 9 | 30 | do vert russe | 6 | » | 180 | » | | | | |
| 1 | 10 | 15 | do bronze | 8 | » | 120 | » | | | | |
| 1 | 11 | 20 | do bleu de roi | 7 | 50 | 150 | » | | | | |
| 1 | 12 | 19 | Drap noir (Sedan) | 22 | » | 418 | » | | | | |
| 1 | 13 | 22 | Velours de laine | 17 | 75 | 390 | 50 | | | | |
| 1 | 14 | 33 | Serge noire | 5 | 40 | 178 | 20 | | | | |
| 1 | 15 | 35 | Mérinos double, noir | 12 | » | 420 | » | | | | |
| 1 | 16 | 25 | do bleu de roi | 12 | 50 | 312 | 50 | | | | |
| 1 | 17 | 40 | Satin de laine 5/8 | 4 | 25 | 73 | 95 | | | | |
| 1 | 18 | 42 | Grain de poudre, noir | 3 | » | 120 | » | | | | |
| 1 | 19 | 39 | Fantaisie d'été | 9 | » | 351 | » | | | | |
| 1 | 20 | 55 | Panne Jonquille | 5 | » | 275 | » | | | | |
| 1 | 21 | 44 | do orange | 5 | 25 | 231 | » | | | | |
| 1 | 22 | 37 | Satin de laine, noir | 19 | 50 | 721 | 50 | | | | |
| 1 | 23 | 40 | Ecossais pour châles | 11 | 25 | 450 | » | | | | |
| 1 | 24 | 25 | Velours de soie et coton | 11 | » | 275 | » | | | | |
| 1 | 25 | 23 | do | 12 | 75 | 293 | 25 | | | | |
| 1 | 26 | 22 | do | 16 | » | 352 | » | | | | |
| 1 | 27 | 27 | Grain de poudre, soie | 13 | » | 221 | » | | | | |
| | | | *Reporté.* | | | 7898 | 40 | | | | |

(2)

1er *Octobre*. **INVENTAIRE** *1868*.

| Folios du livre d'entrée. | Nos | Mètres Quantité | Marchandises. | PRIX | | | | PASSIF | ACTIF |
|---|---|---|---|---|---|---|---|---|---|
| | | | *Réport* . . . | | | 7898 | 40 | | |
| 1 | 28 | 22 | Velours noir soie | 21 | 10 | 464 | 20 | | |
| 1 | 29 | 22 | 50 d° | 23 | » | 497 | 50 | | |
| 1 | 30 | 21 | 25 d | 20 | » | 425 | » | | |
| 1 | 31 | 23 | » » | 25 | » | 575 | » | | |
| 2 | 32 | 24 | 50 fantaisie d'été | 4 | 50 | 110 | 25 | | |
| 2 | 33 | 13 | » » | 7 | 50 | 97 | 50 | | |
| 2 | 34 | 15 | » » | 6 | 25 | 93 | 70 | | |
| 2 | 35 | 24 | » » | 7 | » | 168 | » | | |
| 2 | 36 | 25 | » » | 5 | » | 125 | » | | |
| 2 | 37 | 22 | 25 » | 4 | 50 | 100 | 10 | | |
| 2 | 38 | 60 | » » | 6 | 50 | 390 | » | | |
| 2 | 39 | 30 | » » | 6 | » | 180 | » | | |
| 3 | 40 | 25 | » velours laine marron | 19 | 50 | 487 | 50 | | |
| 3 | 41 | 23 | 50 » » | 19 | 50 | 459 | 25 | | |
| 3 | 42 | 22 | » » » | 19 | 50 | 429 | » | | |
| 3 | 43 | 22 | 25 » » | 19 | 50 | 433 | 85 | | |
| 3 | 44 | 29 | » » » | 19 | 50 | 565 | 50 | | |
| 3 | 45 | 27 | » » » | 19 | 50 | 526 | 50 | | |
| 3 | 46 | 23 | 15 » » | 19 | 50 | 450 | 40 | | |
| 3 | 47 | 24 | 50 » » | 19 | 50 | 477 | 75 | | |
| 3 | 48 | 18 | » » gris | 21 | » | 378 | » | | |
| 3 | 49 | 18 | 25 » » | 21 | » | 383 | 25 | | |
| 3 | 50 | 20 | 30 » » | 21 | » | 426 | 30 | | |
| 3 | 51 | 15 | 20 » » | 21 | » | 319 | 20 | | |
| 3 | 52 | 19 | 30 » » | 21 | » | 405 | 30 | | |
| 3 | 53 | 22 | » » » | 21 | » | 462 | » | | |
| 3 | 54 | 25 | » » » | 21 | » | 525 | » | | |
| 3 | 55 | 24 | » » » | 21 | » | 504 | » | | |
| 3 | 56 | 24 | 50 » » | 21 | » | 51 | 50 | | |
| | | | *Reporté*. . . | | | 18871 | 95 | | |

(3)

1er Octobre **INVENTAIRE** *1868.*

| Folios du livre d'entrée. | Nos | Mètres Quantité | **Marchandises.** | PRIX | | | | PASSIF | | ACTIF | |
|---|---|---|---|---|---|---|---|---|---|---|---|
| | | | *Report.* . . | | | 18871 | 95 | | | | |
| 3 | 57 | 23 | 20 velours de laine gris | 21 | » | 487 | 20 | | | | |
| 3 | 58 | 22 | » » ciel bleu | 23 | 50 | 517 | » | | | | |
| 3 | 59 | 21 | » » bleu de roi | 20 | 50 | 430 | 50 | | | | |
| 3 | 60 | 28 | 75 » » | 20 | 50 | 589 | 35 | | | | |
| 3 | 61 | 25 | » » » | 20 | 50 | 512 | 50 | | | | |
| 3 | 62 | 18 | » » » | 20 | 50 | 369 | » | | | | |
| 3 | 63 | 17 | » » » | 20 | 50 | 348 | 50 | | | | |
| 3 | 64 | 19 | » » » | 20 | 50 | 389 | 50 | | | | |
| 3 | 65 | 21 | 25 » bleu clair | 20 | 50 | 435 | 60 | | | | |
| 3 | 66 | 20 | » » » | 20 | 50 | 410 | » | | | | |
| 3 | 67 | 20 | 75 » » | 20 | 50 | 425 | 35 | | | | |
| 3 | 68 | 23 | 50 » » | 20 | 50 | 481 | 75 | | | | |
| 3 | 69 | 22 | » » » | 20 | 50 | 451 | » | | | | |
| 3 | 70 | 24 | » » » | 20 | 50 | 492 | » | | | | |
| 4 | 71 | 31 | 25 satin laine noire 5/8 | 7 | » | 218 | 75 | | | | |
| 4 | 72 | 30 | » » » | 9 | 50 | 285 | » | | | | |
| 4 | 73 | 29 | 50 » » | 6 | 75 | 199 | 10 | | | | |
| 4 | 74 | 18 | 75 » » | 9 | » | 168 | 75 | | | | |
| 4 | 75 | 14 | » » bleu de roi | 10 | » | 140 | » | | | | |
| 4 | 76 | 17 | » » » | 12 | 25 | 208 | 25 | | | | |
| 4 | 77 | 22 | » Zéphir vert russe | 13 | » | 286 | » | | | | |
| 4 | 78 | 28 | 35 » bleu de ciel | 14 | » | 396 | 90 | | | | |
| 4 | 79 | 27 | » » noir | 9 | 20 | 248 | 40 | | | | |
| 4 | 80 | 25 | 50 » bleu de roi | 17 | » | 433 | 50 | | | | |
| 4 | 81 | 22 | 25 » marron clair | 19 | » | 422 | 75 | | | | |
| 4 | 82 | 18 | » » marron foncé | 16 | » | 288 | » | | | | |
| 4 | 83 | 15 | » panne rouge | 8 | 10 | 121 | 50 | | | | |
| 4 | 84 | 15 | » » orange | 8 | » | 120 | » | | | | |
| 4 | 85 | 25 | » » bleue | 9 | 25 | 231 | 25 | | | | |
| | | | *Reporté.* . . | | | 28979 | 35 | | | | |

1er *Octobre* **INVENTAIRE** 1868.

| Folios du livre d'entrée. | Nos | Mètres Quantité | **Marchandises.** | PRIX | | | | PASSIF | | ACTIF | |
|---|---|---|---|---|---|---|---|---|---|---|---|
| | | | *Report. . .* | | | 28979 | 35 | | | | |
| 4 | 86 | 23 | 55 pannes jaune | 6 | » | 141 | 30 | | | | |
| 4 | 87 | 9 | 20 » rouge | 5 | » | 46 | » | | | | |
| 4 | 88 | 12 | » » amaranthe | 10 | 50 | 126 | » | | | | |
| 4 | 89 | 32 | » drap noir | 15 | » | 480 | » | | | | |
| 4 | 90 | 35 | » » | 16 | 50 | 477 | 50 | | | | |
| 4 | 91 | 29 | 75 » | 19 | 25 | 570 | 70 | | | | |
| 4 | 92 | 24 | douzaines p. bas de coton | 24 | » | 576 | » | | | | |
| 4 | 93 | 48 | do p. chaussettes coton | 27 | » | 1296 | » | | | | |
| 4 | 94 | 6 | » » | 32 | » | 192 | » | | | | |
| 4 | 95 | 100 | » » | 12 | » | 1200 | » | | | | |
| 4 | 96 | 1000 | 50 ruban bleu | 1 | » | 1000 | 50 | | | | |
| 4 | 97 | 500 | 25 » vert | 2 | 50 | 1250 | » | | | | |
| 4 | 98 | 510 | » » orange | 1 | 75 | 892 | 50 | | | | |
| 4 | 99 | 1000 | » » jonquille | 3 | » | 3000 | » | | | | |
| 4 | 100 | 202 | grosses boutons chemises | 3 | » | 624 | » | | | | |
| | | | *Journal centralisateur fo 1.* | | | » | » | » | » | 40851 | 85 |
| | | | **Effets à recevoir** | | | | | | | | |
| 1 | 1 | | Effet s/ Paris 30 Novembre | | | 500 | » | | | | |
| 1 | 2 | | » » 25 » | | | 1000 | » | | | | |
| 1 | 3 | | » » 22 Décembre | | | 300 | » | | | | |
| 1 | 4 | | » Rouen 31 » | | | 900 | 50 | | | | |
| 1 | 5 | | » Lyon 15 » | | | 400 | » | | | | |
| 1 | 6 | | » » 15 » | | | 450 | 75 | | | | |
| 1 | 7 | | » » 17 Novembre | | | 3000 | » | | | | |
| 1 | 8 | | » Paris 25 » | | | 5025 | » | | | | |
| 1 | 9 | | » Toulouse 31 Décembre | | | 200 | » | | | | |
| 1 | 10 | | » Bordeaux 15 » | | | 900 | » | | | | |
| | | | *Journal centralisateur fo 1.* | | | » | » | » | » | 12676 | 25 |
| | | | *Reporté. . .* | | | | | » | » | 53528 | 10 |

1er *Octobre* **INVENTAIRE** 1868.

| Folios des livres d'entrée | Nos | Quantité | **CAISSE** | | | | | **PASSIF** | | **ACTIF** | |
|---|---|---|---|---|---|---|---|---|---|---|---|
| | | | *Report. . .* | | | » | » | » | » | 53528 | 10 |
| | | | Espèces | | | 20000 | » | | | | |
| | | | *Journal centralisateur f° 1.* | | | .... | .. | » | » | 20000 | » |
| | | | **Effets à payer.** | | | | | | | | |
| 1 | 1 | | M/ Billet 15 Novembre | | | 600 | » | | | | |
| 1 | 2 | | » 20 » | | | 300 | » | | | | |
| 1 | 3 | | » 21 Décembre | | | 500 | 25 | | | | |
| 1 | 4 | | » 30 Novembre | | | 250 | » | | | | |
| 1 | 5 | | » 25 » | | | 700 | 75 | | | | |
| 1 | 6 | | » 15 » | | | 225 | 50 | | | | |
| 1 | 7 | | » 31 Décembre | | | 300 | » | | | | |
| 1 | 8 | | » 20 » | | | 900 | » | | | | |
| 1 | 9 | | » 10 » | | | 400 | » | | | | |
| 1 | 10 | | » 15 Novembre | | | 200 | 25 | | | | |
| | | | *Journal centralisateur f° 1.* | | | .... | ... | 4376 | 75 | » | » |
| | | | **Mobilier Industriel.** | | | | | | | | |
| 1 | | 1 | Comptoir chêne | | | 300 | » | | | | |
| 1 | | 1 | d° » | | | 500 | » | | | | |
| 1 | | 1 | d° » | | | 450 | » | | | | |
| 1 | | 1 | d° » | | | 1000 | » | | | | |
| 1 | | 2 | Casiers chêne à | 280 | » | 560 | » | | | | |
| 1 | | 1 | Bureau | | | 89 | » | | | | |
| 1 | | 1 | d° | | | 380 | » | | | | |
| 1 | | 1 | Casier | | | 25 | » | | | | |
| 1 | | 6 | Mètres en bois | 2 | » | 12 | » | | | | |
| 1 | | | Ustensiles de bur., chaises | | | 75 | » | | | | |
| 1 | | | Lampes et supports, compr | | | 200 | » | | | | |
| 1 | | | Caisse | | | 575 | » | | | | |
| | | | *Journal centralisateur f° 1.* | ... | ... | .... | ... | » | » | 4166 | » |
| | | | *Reporté. . .* | | | | | 4376 | 75 | 776914 | 10 |

(6)

1er *Octobre* **INVENTAIRE** 1868.

| Folios du Grand-Livre crédits | | **Créditeurs divers** OU CRÉANCIERS. | | | **PASSIF** | | **ACTIF** | |
|---|---|---|---|---|---|---|---|---|
| | | *Reports. . .* | » | » | 4376 | 75 | 77694 | 10 |
| 2 | | Barbier sa facture . . . . | 5000 | » | | | | |
| 1 | | Barbaroux do | 3000 | » | | | | |
| 1 | | Bouchez » | 500 | » | | | | |
| 6 | | Millot » | 178 | 20 | | | | |
| 8 | | Quentin » | 200 | » | | | | |
| 3 | | Boistelle » | 1500 | » | | | | |
| 5 | | Labrosse » | 448 | » | | | | |
| 5 | | Jovinet » | 700 | » | | | | |
| 2 | | Bartès » | 2000 | » | | | | |
| 7 | | Montagnac » | 40000 | » | | | | |
| | | *Journal centralisateur fo 1.* | .... | .. | 17496 | 20 | » | » |
| | | CAPITAL NET au 1er Octobre 1868 . . . | » | » | 55821 | 15 | » | » |
| | | Certifié conforme à mes livres : Ate BEAUCHERY. | | | 77694 | 10 | 77694 | 10 |

| Folio du Grand-Livre Cte capital du négociant. | **RÉCAPITULATION** | **Sortie** | | **Entrée** | |
|---|---|---|---|---|---|
| | Marchandise. . . . . . . . . . . . . . . . | » | » | 40851 | 85 |
| | Effets à recevoir . . . . . . . . . . . . . | » | » | 12676 | 25 |
| | Espèces en caisse . . . . . . . . . . . . . | » | » | 20000 | » |
| | Effets à payer . . . . . . . . . . . . . . | 4376 | 75 | » | » |
| | Mobilier industriel . . . . . . . . . . . . | » | » | 4166 | » |
| | Créanciers . . . . . . . . . . . . . . . | 17496 | 20 | » | » |
| 10 | Atc. Beauchery s/ cte capital Actif . . . . . . . | 55821 | 15 | » | » |
| | *Reporté. . .* | 77694 | 10 | 77694 | 10 |
| | « *Ici viennent s'ajouter successivement les faillites, les* « *nouveaux versements, les fonds retirés du commerce,* « *et à la fin de l'année les pertes ou les profits.* » | | | | |

**(L'inventaire de fin d'exercice est à établir par l'élève sur un cahier à part et avec les éléments de cette comptabilité.)**

Quel est ce livre ? Celui usité pour les inventaires et ordonné par la loi pour l'attestation active et passive d'un capital.

Qu'avons-nous modifié de sa contexture habituelle ? L'addition successive en usage sans attention pour l'opposition des parties qui le composent, et que nous avons reconnues en les distinguant en deux colonnes.

Que prétendons-nous induire de lui ? Rien que ce que lui-même offre à tous : le capital en valeurs passives, actives et nettes.

Quelle conclusion formulons-nous de son existence ? C'est qu'il rend superflu, donc inutile, un *compte* pour le remplacer ; d'autant plus qu'il est de beaucoup supérieur à ce compte, procurant les détails qui sont lettre morte ailleurs. et qu'il s'oppose par sa confection même, au passement et contrepassement d'écritures perdues dans le journal, et qui faussent souvent l'apparente situation.

Étant donc compris et admis que nous sommes en possession du véritable compte de Capital, représenté par le livre d'inventaire, que peut-il nous rester à signaler ?

1° Les folios placés à gauche de chaque page en regard du détail des valeurs : Il est de nécessité et d'usage sur le Journal, de mettre le folio du compte où est reporté au Grand-Livre, l'article qui servira à le composer ; or pour nous le livre d'inventaire est le Journal personnel au négociant, donc à mesure qu'une somme est entrée ou sortie au compte qui la réclame, soit pour nous un livre, on fixe en regard le folio de ce compte, de ce livre : il en est de même pour le folio qui se trouve accolé à la désignation, *Journal centralisateur*, c'est celui de la page de la centralisation où est reporté le total de la valeur : en résumé, à gauche folio du livre d'entrée ou de sortie, Marchandise, Effets à recevoir, etc.; au bas de chaque valeurs folio du livre centralisateur, ancien Journal Grand-Livre.

2° L'utilisation conséquente de ce registre aux écritures afférentes au Capital et l'exposition détaillée de ce qui doit l'augmenter ou le diminuer.

# LIVRE D'ACHATS (1)

| Folios de l'entrée. | Folios du crédit. | | Octobre 1868. | | | |
|---|---|---|---|---|---|---|
| 5 | 5 | 15 | *Jovinet* | à 6 mois sans escompte | 225 | » |
| 5 | 4 | 17 | *Dufour* | 3 » 15 o/o » | 12 | » |
| 4 | 2 | » | *Barbier* | 3 » 5 o/o » | 2160 | » |
| 0 | 4 | » | *Cubour* (cartonnier) | 2 » 6 o/o » | 500 | » |
| 5 | 8 | » | *Taffonneau* | 3 » 10 o/o » | 150 | » |
| 5 | 3 | « | *Boistelle* | 1 » 2 o/o » | 110 | » |
| 5 | 5 | 18 | *Labrosse* | 3 » 15 o/o » | 535 | 50 |
| 5 | 3 | » | *Doëhnel* | 3 » » » | 44 | » |
| 5 | 1 | » | *Barbaroux* | 2 » 13 o/o » | 369 | » |
| 5 | 1 | 19 | *Bouchez* | 3 » 15 o/o » | 160 | » |
| 5 | 7 | » | *Montagnac* | 3 » » » | 409 | 50 |
| 0 | 2 | » | *Bartès*. Échantillons | 2 » 5 o/o » | 3 | » |
| 0 | 7 | » | *Michaud* d° | 3 » 15 o/o » | 2 | 25 |
| » | 6 | » | *Millot* d° | 1 » 4 o/o » | 3 | » |
| » | 8 | » | *Quentin* d° | 2 » 7 o/o » | 1 | 50 |
| » | 6 | » | *J. Lheureux* d° | 3 » 15 o/o » | 1 | 75 |
| » | 1 | 20 | *Bouchez* d° | 3 » » » | 4 | » |
| » | 2 | » | *Bartès* d° | 2 » 5 o/o » | 9 | » |
| » | 3 | » | *Doehnel* d° | 3 » 15 o/o » | 5 | 45 |
| » | 8 | 21 | *Quentin* » | 2 » 7 o/o » | 3 | 25 |
| » | 5 | 22 | *Jovinet* » | 6 » sans » | 7 | » |
| » | 6 | « | *Millot* » | 1 » 4 o/o » | 9 | » |
| » | 7 | » | *Montagnac* » | 3 » 15 o/o » | 5 | 50 |
| » | 7 | 23 | *Michaud* » | 3 » » » | 3 | 95 |
| » | 6 | » | *J. Lheureux* » | 3 » » » | 8 | » |
| » | 4 | « | *Dufour* » | 3 » » » | 5 | » |
| » | 7 | » | *Montagnac* » | 3 » » » | 7 | 25 |
| » | 6 | 24 | *Millot* » | 1 » 4 o/o » | 3 | » |
| » | 2 | 24 | *Bartès* » | 2 » 5 o/o » | 6 | 50 |
| » | 5 | » | *Jovinet* » | 6 » sons » | 8 | » |
| » | 1 | » | *Bouchez* » | 3 » 15 o/o » | 2 | 75 |
| | | | Journal centralisateur f° 1 . . . . . . . . . . . . . . . | | 4774 | 15 |
| | | | Marchandise de l'inventaire . . . . . . . . . . . . . . . | | 40851 | 85 |
| | | | | | 45626 | 00 |

# LIVRE D'ACHATS (*)

| Folios de l'entrée. | Folios du crédit. | | | *Novembre* 1868. | | | |
|---|---|---|---|---|---|---|---|
| 5 | 2 | 1er | *comptant* | (Blanville) | sa facture | 45 | » |
| 0 | 2 | 2 | *Apprêteur* | (Loiseau) | d° d'Octobre | 52 | » |
| 5 | 7 | 3 | *Michaud* | de Lyon | sa facture du 1er | 306 | » |
| 5 | 7 | » | *Montagnac* | de Sedan | d° du 29 Oct. | 440 | » |
| » | 2 | » | | port de balle payé | | 5 | 25 |
| 0 | 2 | 4 | *comptant* | (Jéricho) | sa facture toilettes | 49 | 95 |
| 5 | 6 | » | *Millot* | de Paris | rue d'Antin, 12. | 136 | 25 |
| 5 | 4 | 5 | *Dufour* | de Paris | rue Montmartre, 32 | 48 | » |
| » | 2 | » | | transport de la caisse | payé | 1 | 75 |
| 0 | 2 | 15 | *Décatisseur* | (Landelle) | sa facture d'Octobre | 31 | » |
| 5 | 3 | » | *Boistelle* | de Reims | d° d° du 29 | 120 | » |
| » | 2 | | | port de balle payé | | 2 | 75 |
| 5 | 3 | 16 | *Doehnel* | de Rouen | sa facture du 10 | 43 | 75 |
| » | 2 | | | port de balle payé | | 1 | 25 |
| 5 | 1 | 18 | *Barbaroux* | d'Elbeuf | sa facture du 15 | 289 | » |
| » | 2 | | | port de balle payé | | 3 | 50 |
| 5 | 8 | » | *Taffonneau* | de Reims | sa facture du 13 | 90 | » |
| » | 2 | | | port de balle payé | | 2 | » |
| 5 | 2 | 19 | *Bartès* | de Paris | rue Vivienne, 5 | 172 | 50 |
| 0 | 4 | 20 | *Dubour* | de Paris | Grenier St-Lazare, 17 | 35 | » |
| 5 | 6 | 22 | *Millot* | d° | Bourdonnais, 2 | 112 | 50 |
| 5 | 7 | » | *Montagnac* | de Mulhouse | sa facture du 18 | 430 | 50 |
| » | 2 | » | | port de balle payé | | 5 | 40 |
| 5 | 2 | » | *au comptant* | (Blanville) | sa facture | 45 | » |
| 5 | 1 | 23 | *Bouchez* | de Reims | d° du 20 | 82 | 50 |
| » | 2 | » | | port de balle payé | | 1 | 95 |
| 5 | 3 | 24 | *Doehnel* | de Rouen | sa facture du 20 | 51 | 75 |
| » | 2 | » | | port de balle payé | | 1 | 25 |
| | | | | Journal centralisateur f° 1 . . . . . . . . . . . | | 2605 | 80 |
| | | | | *Report du mois précédent* . . . . . | | 45626 | 00 |
| | | | | | | 48231 | 80 |

# LIVRE D'ACHATS



| Folios de l'entrée. | Folios du crédit. | *Décembre 1868.* | | | |
|---|---|---|---|---|---|
| | | 1er | | | |
| 5 | 7 | *Montagnac*, de Sedan<br>sa facture à 3 mois escompte 15 o/o | net | 345 | » |
| | | 3 | | | |
| 5 | 6 | *J. Lheureux*, de Paris, rue du Château-d'Eau, 19<br>sa facture à 3 mois escompte 15 o/o | net | 10 | » |
| | | 9 | | | |
| 5 | 8 | *Au comptant* (Renaud) sa facture | net | 3 | 75 |
| | | 16 | | | |
| 5 | 2 | *Barbier*, de Paris, rue d'Antin, 13<br>3 mois 5 o/o comptant 5 et 2 o/o<br>sa facture | net | 250 | » |
| | | 18 | | | |
| 5 | 3 | *Boistelle*, de Lyon<br>1 mois 2 o/o<br>facture de Lebrun, du 15 | net | 130 | » |
| | | 20 | | | |
| 5 | 5 | *Labrosse*, de Sedan, 3 mois 15 o/o<br>sa facture du 14 | net | 784 | » |
| | | 23 | | | |
| 5 | 1 | *Barbaroux*, d'Elbeuf, 2 mois 13 o/o, 1 mois 15 o/o<br>sa facture du 17 | net | 398 | 50 |
| | | Journal centralisateur f° 1. . . . . . . . . . | | 1921 | 25 |
| | | *Total des mois précédents.* . . . . . | | 48231 | 80 |
| | | | | 50153 | 05 |

Représentation exacte du débit du compte de Marchandises, ce livre n'est autre, sous trois modèles différents, que le livre d'achat indispensable et employé dans toutes les maisons de commerce; mais comme en plus des comptes nous prétendons que les nôtres sont des Journaux, il s'y trouve les folios des comptes créditeurs du Grand-Livre; comptes cette fois; parce que nous avons à faire à des personnes; puis à côté le folio du livre du magasin et d'entrée de marchandise, ou chaque unité d'achat se trouve inscrite.

Donc ici, encore point d'hésitations possibles et rien d'innové, seulement comme ce témoignage des achats serait isolé de ceux que fournissent les registres des autres valeurs, il doit être journellement mensuellement ou trimestriellement reporté à la centralisation, avec tous, et attesté par le folio mis en regard du total de chaque mois ou de chaque trimestre.

On remarquera en conséquence l'addition mensuelle que nous faisons, plus le report dont nous pratiquons l'emploi pour l'augmentation du total suivant, et la constatation du livre des achats.

Le détail des articles est inutile, les factures étant toujours là pour témoigner de la véracité de la somme et procurer les renseignements particuliers: il est même à noter que cette omission de détail a son utilité, dans le cas d'indiscrétion de personnes étrangères à la maison ou à la confiance du chef.

Il n'y aurait donc à objecter que le non classement des achats faits au comptant, et des frais de fabrication, sans compte y incombant.

A cette supposition nous répondrons qu'aucun achat au comptant ou paiement de travail, ne s'effectue sans une valeur donnée instantanément en échange, que cette valeur, espèce généralement, constate ses fluctuations sur un livre de caisse, que ce dernier a des folios, lesquels sont placés au livre d'achat en regard de celui fait au comptant, ou du travail payé; de même qu'on retrouve à la caisse le folio du registre qui nous occupe.

On peut s'assurer de cela par le premier et le second article de Novembre.

Nous ajoutons le port des envois, comme nous l'avons enseigné dans notre première publication pour avoir le chiffre exact du coût: nous retranchons instantanément les escomptes faits sur marchandises, n'admettant que ceux des paiements, les escomptes sur marchandises n'étant qu'un rabais.

---

(1) 

# LIVRE DE VENTES

| Folios de la sortie | Folios des débits | Numéros | Mètres Quantité | | Octobre 1868. | | | | PRIX COUTANT | Total |
|---|---|---|---|---|---|---|---|---|---|---|
| | | | | | 2 | | | | | |
| | 1 | | | | *Bonnaventure*, de Paris, 10, r. de Choiseul tailleur, 3 mois, sans escompte | | | | | |
| 2 | | 32 | 3 | 50 | Fantaisie d'été | 5 20 | 18 20 | | 4 50 | 15 75 |
| 2 | | 35 | 1 | 25 | Flanelle rouge et blanche | 8 25 | 10 30 | | 7 » | 8 75 |
| 2 | | 37 | 1 | 50 | » » | 5 20 | 8 25 | | 4 50 | 6 75 |
| 2 | | 36 | 5 | » | » » | 6 25 | 31 25 | 68 » | 5 » | 25 » |
| | | | | | 4 | | | | | |
| | 3 | | | | *Crocol*, de Paris, 10, rue Quincampoix. Md de Ntés, fin du mois, 4 o/o comptant | | | | | |
| 2 | | 37 | 3 | 25 | Flanelle rouge et blanche | 5 45 | 17 70 | | 4 50 | 14 60 |
| 2 | | 32 | 3 | 50 | Fantaisie d'été | 5 10 | 17 85 | | 4 50 | 15 75 |
| 2 | | 35 | 2 | 50 | Flanelle rouge et blanche | 8 20 | 20 50 | | 7 » | 17 50 |
| 2 | | 36 | 3 | » | » » | 6 15 | 18 45 | | 5 » | 15 » |
| 2 | | 32 | 3 | 50 | Fantaisie d'été | 5 10 | 17 85 | | 4 50 | 15 75 |
| 2 | | 35 | 1 | 15 | Flanelle rouge et blanche | 8 20 | 9 45 | | 7 » | 8 05 |
| 2 | | 37 | 1 | 50 | » » | 5 45 | 8 15 | | 4 50 | 6 75 |
| 8 | | 36 | 2 | 50 | » » | 6 15 | 15 35 | 125 30 | 5 » | 12 50 |
| | | | | | 7 | | | | | |
| | 5 | | | | *G. Hoffmann*, de Paris, 15, rue de Choiseul tailleur, 6 mois sans escompte | | | | | |
| 2 | | 35 | 2 | 10 | Flanelle rouge et blanche | 8 50 | 17 85 | | 7 » | 14 70 |
| 2 | | 32 | 3 | 50 | Fantaisie d'été | 5 30 | 18 55 | | 4 50 | 15 75 |
| 2 | | 37 | 1 | 50 | Flanelle rouge et blanche | 5 60 | 8 40 | | 4 50 | 6 75 |
| 2 | | 36 | 7 | » | » » | 6 40 | 44 80 | 89 60 | 5 » | 35 » |
| | | | | | 9 | | | | | |
| | 5 | | | | *Lée* (note le samedi) 7, rue Rambuteau, Md de nouveautés, 2 o/o comptant | | | | | |
| 2 | | 32 | 3 | 50 | Fantaisie d'été | 5 » | 17 50 | | 4 50 | 15 75 |
| 2 | | 35 | 3 | » | Flanelle rouge et blanche | 8 25 | 24 75 | | 7 » | 21 » |
| 2 | | 36 | 1 | 50 | » » | 6 » | 9 » | | 5 » | 7 50 |
| 2 | | 37 | 2 | 45 | » » | 5 50 | 13 45 | 64 70 | 4 50 | 11 » |
| | | | | | Reporté Fr. | | | 347 60 | F. | 289 60 |
| | | | | | | | | | Bénéfice | 58 » |
| | | | | | | | | | | 347 60 |

# LIVRE DE VENTES

(2)

| Folios de la sortie | Folios des débits | Numéros | Mètres Quantité | | *Octobre 1868.* | | | | | | PRIX COUTANT | | Total | |
|---|---|---|---|---|---|---|---|---|---|---|---|---|---|---|
| | | | | | 11 | | | | | | | | | |
| | 1 | | | | *Bonaventure*, de Paris. | | | | | | | | | |
| 1 | | 5 | 50 | » | Velours laine | 25 » | 1250 | » | | | 20 | » | 1000 | » |
| 1 | | 7 | 18 | » | Laine et coton | 3 45 | 62 | 10 | 1312 | 10 | 2 | 75 | 49 | 50 |
| | | | | | 11 | | | | | | | | | |
| | 2 | | | | *Crombec*, de St-Omer, 1, balle C. nº 1 grande vitesse, 2 o/o contre remboursement | | | | | | | | | |
| 1 | | 1 | 25 | » | Laine douce | 4 45 | 111 | 25 | | | 3 | 75 | 93 | 75 |
| 2 | | 33 | 6 | 50 | Fantaisie d'été | 9 » | 58 | 50 | | | 7 | 50 | 48 | 75 |
| 5 | | 34 | 7 | 50 | » | 7 » | 56 | 60 | | | 6 | 25 | 46 | 85 |
| | | | | | Emballage | » » | 2 | 75 | 229 | 10 | | | | |
| | | | | | 11 | | | | | | | | | |
| | 1 | | | | *Bec*, de Marseille, balle B. 2 chemin de fer de Lyon, grande vitesse, m/ traite à 3 mois 10 p. o/o d'escompte. | | | | | | | | | |
| 2 | | 33 | 6 | 50 | Fantaisie d'été | 10 » | 65 | » | | | 7 | 50 | 48 | 75 |
| 2 | | 34 | 7 | 50 | » | 8 60 | 64 | 50 | | | 6 | 25 | 46 | 85 |
| | | | | | | | 129 | 50 | | | | | | |
| | | | | | Escompte 10 o/o | | 12 | 95 | | | | | | |
| | | | | | | | 116 | 55 | | | | | | |
| | | | | | Emballage | | 3 | 50 | 120 | 05 | | | | |
| | | | | | 11 | | | | | | | | | |
| | 1 | | | | *Au comptant* (Langlais), sans escompte. | | | | | | | | | |
| 1 | | 2 | 25 | » | Drap noir | 18 » | 450 | » | | | 15 | » | 375 | » |
| 1 | | 6 | 20 | » | Amazone bleue | 16 » | 320 | » | | | 13 | » | 260 | » |
| 2 | | 39 | 15 | » | » vert russe | 7 20 | 108 | » | | | 6 | » | 90 | » |
| 2 | | 38 | 30 | » | » grenat | 8 » | 240 | » | | | 6 | 50 | 195 | » |
| 1 | | 10 | 15 | » | » bronze | 9 65 | 144 | 75 | 1262 | 75 | 8 | » | 120 | » |
| | | | | | | | | | 2924 | » | | | 2374 | 45 |
| | | | | | Reports Fr. . . | | | | 347 | 60 | | F. | 289 | 60 |
| | | | | | *Reporté fr.* . . . | | | | 3271 | 60 | | F. | 2664 | 05 |
| | | | | | | | | | | | | Bénéfice | 607 | 55 |
| | | | | | | | | | | | | | 3271 | 60 |

(3)

# LIVRE DE VENTES

| Folios de la sortie | Folios des Débits | Numéros | Quantités Mètres | | Octobre 1868. | | | | | | | Prix coutant | | Total | |
|---|---|---|---|---|---|---|---|---|---|---|---|---|---|---|---|
| | | | | | 15 | | | | | | | | | | |
| | | | | | *Reports.* . F. | | | | | 3271 | 60 | | F. | 2664 | 05 |
| | 1 | | | | *Au comptant* (Hardi de Rouen) | | | | | | | | | | |
| 2 | | 39 | 15 | » | Amazone vert russe | 7 | 50 | 112 | 50 | | | 6 | » | 90 | » |
| 2 | | 38 | 30 | » | » grenat | 7 | 50 | 225 | » | 337 | 50 | 6 | 50 | 195 | » |
| | | | | | 19 | | | | | | | | | | |
| | 6 | | | | *Lenner*, de Paris, rue Lamartine, confection pour dames, 3 mois sans esc. | | | | | | | | | | |
| 2 | | 32 | 3 | 50 | Fantaisie d'été | 5 | 25 | 18 | 35 | | | 4 | 50 | 15 | 75 |
| 2 | | 37 | 1 | 55 | Flanelle rouge et blanche | 5 | 60 | 8 | 70 | | | 4 | 50 | 6 | 95 |
| 2 | | 36 | 3 | » | » » | 6 | 20 | 18 | 60 | | | 5 | » | 15 | » |
| 2 | | 35 | 2 | 50 | » » | 8 | 50 | 21 | 25 | | | 7 | » | 17 | 50 |
| 2 | | 35 | 7 | » | » » | 8 | 50 | 59 | 50 | | | 7 | | 49 | » |
| 2 | | 36 | 3 | » | » » | 6 | 20 | 18 | 60 | | | 5 | » | 15 | » |
| 2 | | 37 | 1 | 50 | » » | 5 | 60 | 8 | 40 | | | 4 | 50 | 6 | 75 |
| 2 | | 32 | 3 | 50 | Fantaisie d'été | 5 | 25 | 18 | 35 | | | 4 | 50 | 15 | 75 |
| 2 | | 35 | 2 | » | Flanelle rouge et blanche | 8 | 50 | 17 | » | | | 7 | » | 14 | » |
| 2 | | 37 | 2 | » | » » | 5 | 60 | 11 | 20 | | | 4 | 50 | 9 | » |
| 2 | | 35 | 2 | 50 | » » | 8 | 50 | 21 | 25 | | | 7 | » | 17 | 50 |
| 2 | | 37 | 7 | » | » » | 5 | 60 | 39 | 20 | 260 | 40 | 4 | 50 | 31 | 50 |
| | | | | | 25 | | | | | | | | | | |
| | 2 | | | | *Crombec*, de St-Omer, s/ esc. 1 balle B. 3. ch. de fer du Nord, gr. vitesse, c/c. remb. | | | | | | | | | | |
| 1 | | 12 | 19 | » | Drap noir | 27 | » | 513 | » | | | 22 | » | 418 | » |
| 1 | | 3 | 13 | » | Fantaisie d'été, carreau | 8 | » | 104 | » | | | 7 | 50 | 97 | 50 |
| 1 | | 8 | 60 | » | Zéphir grenat | 7 | » | 420 | » | | | 6 | 50 | 390 | » |
| 1 | | 14 | 33 | » | Serge noire | 6 | 50 | 214 | 50 | | | 5 | 40 | 178 | 20 |
| 1 | | 11 | 20 | » | Drap noir | 9 | » | 180 | » | | | 7 | 50 | 150 | » |
| 1 | | 4 | 15 | » | Fantaisie d'été, carreau | 7 | » | 105 | » | | | 6 | 25 | 93 | 75 |
| 1 | | 9 | 30 | » | Zéphir vert russe | 8 | » | 240 | » | | | 6 | » | 180 | » |
| 4 | | 84 | 15 | » | Panne orange | | | 144 | » | | | 8 | » | 120 | » |
| 1 | | 13 | 22 | » | Velours laine, gris clair | 21 | » | 462 | » | 2382 | 50 | 17 | 75 | 390 | 50 |
| | | | | | Journal centralisateur f° 1... | | | | | 6252 | » | | F. | 5180 | 70 |
| | | | | | | | | | | | | | Bénéfice | 1071 | 30 |
| | | | | | | | | | | | | | | 6252 | » |

# LIVRE DE VENTES

(4)

| Folios de la sortie | Folios des débits | Numéros | Quantité Mètres | | Novembre 1868. | | | | | | | PRIX COUTANT | | Total | |
|---|---|---|---|---|---|---|---|---|---|---|---|---|---|---|---|
| | | | | | 3 | | | | | | | | | | |
| | 3 | | | | *Crocol*, de Paris, 10, rue Quincampoix, M/ reçu fin du mois : 4 o/o comptant (solde) | | | | | | | | | | |
| 3 | | 40 | 25 | » | Velours laine marron | 25 | » | 625 | » | | | 19 | 50 | 487 | 50 |
| 3 | | 41 | 23 | 50 | » » | » | » | 587 | 50 | | | » | » | 459 | 25 |
| 3 | | 42 | 22 | » | » » | » | » | 550 | » | | | » | » | 429 | » |
| 3 | | 43 | 22 | 25 | » » | » | » | 556 | 25 | | | » | » | 433 | 85 |
| 3 | | 44 | 29 | » | » » | » | » | 725 | » | | | » | » | 565 | 50 |
| 3 | | 45 | 27 | » | » » | » | » | 675 | » | | | » | » | 526 | 50 |
| 3 | | 46 | 23 | 15 | » » | » | » | 578 | 75 | | | » | » | 450 | 40 |
| 3 | | 47 | 24 | 50 | » » | » | » | 612 | 50 | | | » | » | 477 | 75 |
| 3 | | 48 | 18 | » | » gris | 25 | » | 450 | » | | | 21 | » | 378 | » |
| 3 | | 49 | 18 | 25 | » » | » | » | 456 | 25 | | | » | » | 383 | 25 |
| 3 | | 50 | 20 | 30 | » » | » | » | 507 | 50 | | | » | » | 426 | 30 |
| 3 | | 51 | 15 | 20 | » » | » | » | 380 | » | | | » | » | 319 | 20 |
| 3 | | 52 | 19 | 30 | » » | » | » | 482 | 50 | | | » | » | 405 | 30 |
| 3 | | 53 | 22 | » | » » | » | » | 550 | » | | | » | » | 462 | » |
| 3 | | 54 | 25 | » | » » | » | » | 625 | » | | | » | » | 525 | » |
| 3 | | 55 | 24 | » | » » | » | » | 600 | » | | | » | » | 504 | » |
| 3 | | 56 | 24 | 50 | » » | » | » | 612 | 50 | | | » | » | 514 | 50 |
| 3 | | 57 | 23 | 20 | » » | » | » | 580 | » | | | | » | 487 | 20 |
| 3 | | 58 | 22 | » | » bleu de ciel | 25 | » | 550 | » | | | 23 | 50 | 517 | » |
| 3 | | 59 | 21 | » | » bleu de roi | 25 | » | 525 | » | | | 20 | 50 | 430 | 50 |
| 3 | | 60 | 28 | 75 | » » | » | » | 718 | 75 | | | » | » | 589 | 35 |
| 3 | | 65 | 21 | 25 | » bleu clair | » | 25 | 531 | 25 | | | » | » | 435 | 60 |
| 3 | | 66 | 20 | » | » » | » | » | 500 | » | | | » | » | 410 | » |
| 3 | | 67 | 20 | 75 | » » | » | » | 518 | 75 | | | » | » | 425 | 35 |
| 3 | | 68 | 23 | 50 | » » | » | » | 587 | 50 | | | » | » | 481 | 75 |
| 3 | | 69 | 22 | » | » » | » | » | 550 | » | | | » | » | 451 | » |
| 3 | | 70 | 24 | » | » » | » | » | 600 | » | | | » | » | 492 | » |
| 3 | | 62 | 18 | » | » bleu de roi | 25 | » | 450 | » | | | » | » | 369 | » |
| 3 | | 63 | 17 | » | » » | » | » | 425 | » | 16110 | » | » | » | 348 | 50 |
| | | | | | Reporté F. | | | | | 16110 | » | | F. | 13184 | 55 |

(5)

# LIVRE DE VENTES

| Folios de la sortie | Folios des Débits | Numéros | Mètres Quantité | | Novembre 1868. | | | | | | PRIX COUTANT | | Total | |
|---|---|---|---|---|---|---|---|---|---|---|---|---|---|---|
| | | | | | 15 | | | | | | | | | |
| | | | | | *Reports. . F.* | | | | 16110 | » | | F. | 13184 | 55 |
| | 2 | | | | *Bernard*, de Toulouse, confectionneur, | | | | | | | | | |
| | | | | | 1, balle, B. 4, 15 o/o à un mois | | | | | | | | | |
| 4 | | 71 | 31 | 25 | Satin laine noir | 9 80 | 306 | 25 | | | 7 | » | 218 | 75 |
| | | | | | Escompte 15 o/o | | 45 | 95 | 260 | 30 | | | | |
| | | | | | 19 | | | | | | | | | |
| | 3 | | | | *Caton*, de Nantes, 1 balle C, 5. sans Esc[te] | | | | | | | | | |
| | | | | | remis à Courtois, grande vitesse | | | | | | | | | |
| 4 | | 82 | 18 | » | Zéphir marron foncé | 20 » | 360 | » | | | 16 | » | 288 | » |
| | | | | | Emballage | | 2 | 25 | 362 | 25 | | | | |
| | | | | | 21 | | | | | | | | | |
| | 4 | | | | *Doflein*, de Leipsig, 1 balle D. 6, s/ Esc[te] | | | | | | | | | |
| | | | | | Expédié par Courtois, grande vitesse. | | | | | | | | | |
| 4 | | 75 | 14 | » | Satin bleu de roi | 12 50 | 175 | » | | | 10 | » | 140 | » |
| | | | | | Emballage | | 2 | » | 177 | » | | | | |
| | | | | | 25 | | | | | | | | | |
| | 4 | | | | *Hoffert*, de Strasbourg | | | | | | | | | |
| | | | | | remis chez H. Grellou, 2 o/o trois mois | | | | | | | | | |
| 4 | | 72 | 30 | » | Satin noir 5/8 | 11 90 | 357 | » | | | 9 | 50 | 285 | » |
| | | | | | Escompte 2 o/o | | 7 | 15 | | | | | | |
| | | | | | | | 349 | 85 | | | | | | |
| | | | | | Emballage | | 2 | 15 | 352 | » | | | | |
| | | | | | 30 | | | | | | | | | |
| | 6 | | | | *Marx*, de Nancy, un ballot, M. 7. | | | | | | | | | |
| | | | | | ch. de fer de l'Est, gr. vit. 4 o/o trois mois | | | | | | | | | |
| | | 96 | 1000 | 50 | Ruban bleu | 135 | 135 | 65 | | | 1 | » | 1000 | 50 |
| | | | | | Escompte 4 o/o | | 54 | » | | | | | | |
| | | | | | | | 129 | 65 | | | | | | |
| | | | | | Emballage et carton | | 1 | 35 | 1298 | » | | | | |
| | | | | | Journal centralisateur f° 1 | | | | 18559 | 55 | | F. | 15116 | 80 |
| | | | | | *Report d'Octobre* F. | | | | 6252 | » | | F. | 5180 | 70 |
| | | | | | | | | | 24811 | 55 | | | 20297 | 50 |
| | | | | | | | | | | | | Bénéfice | 4514 | 05 |
| | | | | | | | | | | | | | 24811 | 55 |

# LIVRE DE VENTES

(6)

| Folios de la sortie | Folios des débits | Numéros | Quantité | Mètres | Décembre 1868. | | | | | | PRIX COUTANT | | Total | |
|---|---|---|---|---|---|---|---|---|---|---|---|---|---|---|
| | | | | | 7 | | | | | | | | | |
| | 8 | - | | | *Tschopick*, de Paris, 13. rue St-Sulpice tailleur, six mois sans escompte | | | | | | | | | |
| 4 | | 73 | 29 | 50 | Satin laine noir 5/8 | 8 50 | 250 | 75 | | | 6 | 75 | 199 | 10 |
| 4 | | 74 | 18 | 75 | » » » | 11 » | 205 | 25 | 456 | » | 9 | » | 168 | 75 |
| | | | | | 9 | | | | | | | | | |
| | 8 | | | | *Rousseau*, Paris, rue Arbre-Sec, 13. 2 o/o | | | | | | | | | |
| 4 | | 101 | 300 | » | Grosses boutons, nacre | 8 90 | 2670 | » | | | 7 | 20 | 2160 | » |
| 4 | | 97 | 500 | 25 | Ruban vert | 3 70 | 1850 | 90 | | | 2 | 50 | 1250 | » |
| | | | | | | | 4520 | 90 | | | | | | |
| | | | | | Escompte 2 o/o | | 90 | 40 | 4430 | 50 | | | | |
| | | | | | 10 | | | | | | | | | |
| | 7 | | | | *Rowold*. de Paris, 32, rue Greneta. | | | | | | | | | |
| 4 | | 100 | 208 | » | Grosses boutons chemises | 3 70 | 769 | 60 | | | 3 | » | 624 | » |
| 4 | | 98 | 510 | m. | Ruban orange | 2 10 | 1071 | » | | | 1 | 75 | 892 | 50 |
| 4 | | 99 | 1000 | m. | » Jonquille | 3 70 | 3700 | » | 5540 | 60 | 3 | » | 3000 | » |
| | | | | | 11 | | | | | | | | | |
| | 7 | | | | *Magnier* de Paris, 3 r. Chauchat, compt 6 o/o | | | | | | | | | |
| 5 | | 103 | 1 | » | Grosse fleurs assorties | 27 » | 27 | » | | | 22 | » | 22 | » |
| 5 | | 104 | 25 | m. | Fantaisie d'été | 7 50 | 187 | 50 | | | 6 | » | 150 | » |
| 5 | | 105 | 10 | m. | Velours noir soie et coton | 13 80 | 138 | » | 352 | 50 | 11 | » | 110 | » |
| | | | | | 12 | | | | | | | | | |
| | 6 | | | | *Marx*, de Nancy, un ballot M.-8. 3 mois Ch. de fer de l'Est, grande vitesse, 4 p. o/o | | | | | | | | | |
| 5 | | 120 | 5 | » | Douz. paires bas coton | 43 » | 215 | » | | | 34 | 50 | 172 | 50 |
| 4 | | 92 | 24 | » | » » » | 30 » | 720 | » | | | 24 | » | 576 | » |
| | | | | | | | 935 | » | | | | | | |
| | | | | | Escompte 4 o/o | | 37 | 40 | 897 | 60 | | | | |
| | | | | | 14 | | | | | | | | | |
| | 6 | | | | *Lenner*, Paris, 18, rue Lamartine, | | | | | | | | | |
| 4 | | 83 | 15 | » | Panne rouge | 10 » | 150 | » | | | 8 | 10 | 121 | 50 |
| 4 | | 76 | 17 | » | Satin bleu de roi | 15 » | 255 | » | | | 12 | 25 | 208 | 25 |
| 4 | | 81 | 22 | 25 | Zéphir marron clair | 23 75 | 528 | 45 | 933 | 45 | 19 | » | 422 | 75 |
| | | | | | *Reporté fr.* . . . | | | | 12610 | 65 | | F. | 10077 | 35 |

# LIVRE DE VENTES

| Folios de la sortie. | Folios des Débits. | Numéros. | Quantité | Mètres | Décembre 1868. | | | | | PRIX COUTANT | | Total | |
|---|---|---|---|---|---|---|---|---|---|---|---|---|---|
| | | | | | 18 | | | | | | | | |
| | | | | | *Reports. . F.* | | | 12610 | 65 | | | 10077 | 35 |
| | 1 | | | | *Bec*, de Marseille, 1 ballot B. 9. | | | | | | | | |
| | | | | | ch. de fer de Lyon, gde vit. 3 mois 10 o/o | | | | | | | | |
| 5 | | 116 | 10 | » | Velours n. soie et coton 16 50 | 165 | » | | | 12 | » | 120 | » |
| 5 | | 117 | 25 | » | Cotonnade 2 30 | 57 | 50 | | | 1 | 75 | 43 | 75 |
| | | | | | | 222 | 50 | | | | | | |
| | | | | | Escompte 10 o/o | 22 | 25 | 200 | 25 | | | | |
| | | | | | 20 | | | | | | | | |
| | 2 | | | | *Besnard*, de Toulouse, 1 b. B. 10. 15 o/o | | | | | | | | |
| 5 | | 115 | 2 | » | Grosses fleurs assorties 34 50 | 69 | » | | | 24 | » | 48 | » |
| 5 | | 118 | 17 | m. | Drap vert russe 24 30 | 413 | 10 | | | 17 | » | 289 | » |
| | | | | | | 482 | 10 | | | | | | |
| | | | | | Escompte 15 o/o | 72 | 30 | 409 | 80 | | | | |
| | | | | | 22 | | | | | | | | |
| | 3 | | | | *Au comptant* (vente du 15) Claude s. Escte | | | | | | | | |
| 5 | | 121 | 18 | m. | Serge rouge 7 75 | 139 | 50 | | | 6 | 25 | 112 | 50 |
| 5 | | 127 | 1 | dne | Jupons d'acier assortis (enfants) | 12 | 50 | 152 | » | 10 | » | 10 | » |
| | | | | | 23 | | | | | | | | |
| | 3 | | | | *Caton*, de Nantes, 1 b. C. 11. s. Escte remis à Courtois. grande vitesse | | | | | | | | |
| 5 | | 131 | 32 | m. | Drap violet 30 35 | 977 | 60 | 977 | 60 | 24 | 50 | 784 | » |
| | | | | | 25 | | | | | | | | |
| | 4 | | | | *Doflein*, de Leipsig, 1 balle D. 12, s/ Escte remis à Courtois, grande vitesse | | | | | | | | |
| 5 | | 129 | 100 | m. | Ruban vert 3 10 | 310 | » | | | 2 | 50 | 250 | » |
| | | | | | Emballage | 1 | 75 | 311 | 75 | | | | |
| | | | | | Journal centralisateur fo 1. | | | 14662 | 05 | | F. | 11734 | 60 |
| | | | | | *Report des mois précédents F.* | | | 24811 | 55 | | F. | 20297 | 50 |
| | | | | | | | | 39473 | 60 | | F. | 32032 | 10 |
| | | | | | | | | | | | Bénéfice | 7441 | 50 |
| | | | | | | | | | | | | 39473 | 60 |

Livre de vente, livre de débit, c'est tout ce dont il sert jusqu'à ce jour ; mais additionnez chaque page en en reportant le total, plus celui de chaque mois, au mois suivant, et pas à pas vous suivez votre chiffre d'affaires, chaque jour vous le connaissez, sans avoir à attendre le transport des écritures sur un journal et leur classement dans le Grand-Livre.

Il en résulte que si vous possédez ainsi *journellement* le montant de votre vente, vous avez devant vous le crédit du compte de Marchandise, lequel avec le débit procuré par le registre d'achat, compose un compte complet : il n'y a qu'une différence, c'est que c'est un livre.

Or voici les conséquences de cette substitution :

*confection instantanée*, au lieu de l'être hebdomadairement ou mensuellement ; *authenticité*, puisque le fait est saisi au moment où il prend naissance, puisqu'il s'atteste par les détails confirmatifs, puisque cerné par, enclavé dans les additions, il ne lui est plus possible de se modifier et fausser ;

*clarté*, les conditions de vente, d'expédition, d'escompte, d'espèce, de quantité, de série, étant développées tout au long, devant l'être, sans qu'aucun détail ne puisse être omis sous prétexte d'inutilité, en place de voir sur un compte des : *à divers*, *par divers*, qui renvoient à un Journal composé à tête reposée, faussé si cela est nécessaire, à tête reposée, lequel à son tour revient au livre de vente pour les renseignements qui seraient cherchés près de lui.

Journal des débits par vente, ce livre contient à gauche le folio du compte ou chaque vente a été portée, comme l'antique Journal, puis à côté le folio du livre de magasin ou entrée et sortie de Marchandise, afin qu'il soit bien évident que la vente sortie en totalité au compte débiteur, l'a été en particularité au registre des existences en Marchandise, enfin en regard du total de chaque mois, celui de la centralisation où il est classé à tout jamais sans falsification possible, trimestriellement si l'on veut.

Comme toujours nous retranchons instantanément l'escompte accordé sur marchandise, comme n'étant qu'illusoire, qu'un rabais; quand au texte placé au début de chaque page, il peut en grande partie et comme sur presque sur tous les livres disparaître, lorsque l'on a la pratique de l'emploi de chacun : pour ici c'est. *Folio de la sortie, folio du débit*, numéros, mètres, quantités, prix coûtant, total.

Mais ces résultats incalculables de supériorité, ne sont rien comparés à ceux que procurent les deux colonnes placées à droit de chaque page, hors la réglure usitée, et qui contiennent le prix coûtant de chaque article sorti ou vendu et le total. *Le grand problême de l'inventaire instantané, plus celui du bénéfice journalier, sans inventaire, sont résolus.*

En effet: par la simple soustraction du total des prix d'achats, soit ici pour les marchandises sorties f. 32032 10, de celui des prix de vente, soit pour notre comptabilité f. 39473 60; nous pouvons assurer que le bénéfice brut *comm*al. est de f. 7441 50, si de cette somme nous retranchons le montant des fis. gx f. 4132 70 nous attestons que notre bénéfice net *commercial* est de f. 3308 80: cela sans inventaire, sans perte de temps, en une seconde; et pour peu qu'on additionne chaque vente au prix coûtant, comme cela est fait au prix de vente, on aura l'avantage, au compte de chaque débiteur, acheteur, de connaître les bénéfices qu'individuellent chacun procure.

Veut-on obtenir instantanément, sans pesage, mesurage, etc, le montant des marchandises restant en magasin, c'est encore jeu d'enfant. le livre Journal d'achat nous informe de f. 9301 20 pour ceux de 1868. en y ajoutant les marchses de l'inventaire f. 40851 85 nous obtenons un total de . . . f. 50153 05 duquel retranchant la vente faite, réduite au prix de revient f. 32032 10 nous disons, que le chiffre des produits restant est de f. 18120 95; si maintenant l'inventaire ultérieur ne nous donne que f. 17297 70 et que nous n'ayons pas amorti, c'est que la bonne mesure est de f. 823 25 à moins que ce ne soit du vol.

Dans le commerce des étoffes le prix coûtant est toujours inscrit sur l'étiquette attachée à chaque pièce et en lettres non en chiffres.

# LIVRE D'ENTRÉE ET DE SORTIE DES EFFETS A RECEVOIR

(1)

**Entrée** *Octobre*

| Folios du Crédit. | DATES | CÉDANTS | VILLES | Numéros d'entrée. | PAYEURS | VILLES | Nos | RUES | ÉCHÉANCES | | SOMMES | | Numéros de sorties |
|---|---|---|---|---|---|---|---|---|---|---|---|---|---|
| 4 | 1er | Inventaire souscripteur | » | 1 | Benoist | Paris | 15 | Sully | Nov. | 30 | 500 | » | 1 |
| 4 | » | » | » | 2 | Bourg | » | 12 | Bichat | » | 25 | 1000 | » | 2 |
| 4 | » | » | » | 3 | Leman | » | 25 | Temple | Déc. | 22 | 300 | » | 5 |
| 4 | » | » | » | 4 | Hardy | Rouen | 10 | Eustache | » | 31 | 900 | 50 | 7 |
| 4 | » | » | » | 5 | Nahoel | Lyon | 3 | St-Pierre | » | 15 | 400 | » | 8 |
| 4 | » | » | » | 6 | Lainé | » | 7 | du Hâvre | » | 15 | 450 | 75 | 9 |
| 4 | » | » | » | 7 | Bourgeois | » | 6 | des Fossés | Nov. | 17 | 3000 | » | 3 |
| 4 | » | » | » | 8 | Polton | Paris | 13 | La Perle | » | 25 | 5025 | » | 12 |
| 4 | » | » | » | 9 | Mangin | Toulouse | 14 | St. Victor | Déc. | 31 | 200 | » | 6 |
| 4 | » | » | » | 10 | Cornet | Bordeaux | 19 | Ste Croix | » | 15 | 900 | » | 10 |
| 4 | | | | | | | | | | | 12676 | 25 | |
| 6 | 25 | Lenner | Paris | 11 | Dubois | Paris | 13 | Lamartine | Janv. | 31 | 120 | » | 24 |
| 6 | » | » | » | 12 | Hallot | » | 25 | Provence | » | 25 | 140 | 40 | 23 |
| | | | | | | | | Journal centralisateur fº 1 . . . . . . . . . . . . . | | | 260 | 40 | |
| | | | | | | | | *Report de l'inventaire.* . . . . | | | 12676 | 25 | |
| | | | | | | | | | | | 12936 | 65 | |

(1)

1868. **Sortie**

| Folio du Débit. | DATES | A QUI CÉDÉ | VILLE | OBSERVATIONS | Numéros de sortie. | PAYEURS | VILLES | ÉCHÉANCES | | SOMMES | | Numéros d'entrée |
|---|---|---|---|---|---|---|---|---|---|---|---|---|
| 2 | 5 | Bartès | Paris. | 5, r. Vivienne | 1 | Benoîst | Paris | 30 | Nov. | 500 | » | 1 |
| 2 | » | » | » | » | 2 | Bourg | » | 25 | » | 1000 | » | 2 |
| | | | | Journal centralisateur f° 1. . . . . . . | | | | | | 1500 | » | |
| | | | | Somme des effets en portefeuille. . . . . | | | | | | 11436 | 65 | |
| | | | | | | | | | | 12936 | 65 | |

(2)

**Entrée** *Novembre*

| Folios du Crédit | DATES | CÉDANTS | VILLES. | OBSERV.ons | Numéros d'entrée | PAYEURS. | VILLES. | Nos RUES | ÉCHÉANCES. | | SOMMES | | Numéros de sortie. |
|---|---|---|---|---|---|---|---|---|---|---|---|---|---|
| 1 | 5 | Bonnaventure | Paris | s/ Tte acceptée | 13 | Gon | Bordeaux | 3 S-André | 31 | Janv. | 260 | » | 13 |
| » | » | » | » | » | 14 | Crépin | Toulouse | 10 Cloitre | 25 | » | 340 | » | 14 |
| » | » | » | » | » | 15 | Arthur | » | 18 Firmin | 31 | » | 300 | » | 15 |
| » | » | » | » | Billet | 16 | Magnier | Paris | 22 du Mail | » | » | 205 | » | 25 |
| » | » | » | » | » | 17 | Meruel | » | 9 Cléry. | » | » | 207 | » | 4 |
| 1 | 5 | Bec | Marseille | ma traite | 18 | Bec | Marseille | 32 Royale | 31 | » | 120 | 05 | 16 |
| | | | | | | | | | | Journal centralisateur fo 1. . . . | 1432 | 05 | |
| | | | | | | | | | | *Report d'Octobre F.* . | 12936 | 65 | |
| | | | | | | | | | | *F.* | 14368 | 70 | |

(2)

1868 **Sortie**

| Folio du débit | DATES | A QUI CÉDÉ | VILLES | OBSERVATIONS | Numéros de sortie | PAYEURS | VILLES | ÉCHÉANCES | | SOMMES | | Escompte change pertes | | Escompte change profits | | Numéros d'entrée |
|---|---|---|---|---|---|---|---|---|---|---|---|---|---|---|---|---|
| 7 | 5 | v^e^ Michaud | Lyon | à l'encaissem/ | 3 | Bourg^ois^ | Lyon | 17 | Nov. | 3000 | » | | | 6 | 25 | 7 |
| 8 | 6 | Quentin | Paris | 220 St-Denis | 4 | Moruel | Paris | 31 | Janv. | 207 | » | 2 | 25 | » | » | 17 |
| 4 | 30 | Dubour | » | 17 Gr. S-Lazar | 5 | Leman | » | 22 | Déc. | 300 | » | » | » | » | » | 3 |
| 4 | » | » | » | » | 6 | Mangin | Toulon | 31 | » | 200 | » | » | » | » | » | 9 |
| 3 | » | Doehnel | Rouen | à l'encaissem/ | 7 | Hardy | Rouen | 31 | » | 900 | 50 | » | » | » | » | 4 |
| 9 | » | Noel | Paris | » | 8 | Nohoel | Lyon | 15 | » | 400 | » | » | » | » | » | 5 |
| 9 | » | » | » | » | 9 | Lainé | » | » | » | 450 | 75 | » | » | » | » | 6 |
| 9 | » | » | » | » | 10 | Cornet | Bord^x^. | 15 | » | 900 | » | » | » | » | » | 10 |
| 9 | » | » | » | » | 11 | Stern | Paris | 25 | Déc. | 520 | » | » | » | » | » | 27 |
| 2 | 15 | Encaissé | » | » | 12 | Polton | » | 15 | Nov. | 5025 | » | » | » | » | » | 8 |
| | | | | | | | Journal centralisateur f° 1. . . | | | 11903 | 25 | 2 | 25 | 6 | 25 | |
| | | | | | | | *Total d'Octobre F.* . . | | | 1500 | » | | | | | |
| | | | | | | | *F.* | | | 13403 | 25 | | | | | |
| | | | | | | | Somme des Effets en portefeuille. . . . . | | | 965 | 45 | | | | | |
| | | | | | | | | | | 14368 | 70 | | | | | |

(3)

**Entrée** *Décembre*

| Folios des crédits | Dates | Cédants | Villes | Observations | Numéros de sortie | Payeurs |
|---|---|---|---|---|---|---|
| 4 | 1er | Doffein | Leipsig | Traite acceptée | 19 | Langlois |
| 4 | » | » | » | Billet à encaisser | 20 | Germain |
| 4 | » | » | » | dº | 21 | Roussel |
| 6 | 5 | Marx | Nancy | Ma traite acceptée | 22 | Mirecourt |
| 4 | 5 | Hoffert | Strasbourg | dº | 23 | Hoffert |
| 2 | 5 | Besnard | Toulouse | dº | 24 | Besnard |
| 8 | 18 | Tschopick | Paris | Son billet | 25 | Tschopick |
| 6 | 18 | Marx | Nancy | Ma traite acceptée | 26 | Marx |
| 7 | 19 | Rowold | Paris | Billet | 27 | Stern |
| 7 | » | » | » | » | 28 | Gosselin |
| 7 | » | » | » | » | 29 | Quentin |
| 7 | » | » | » | » | 30 | Joseph |
| 3 | 25 | Caton | Nantes | Billet | 31 | Làpray |
| 3 | » | » | » | » | 32 | Ayala |
| 3 | » | » | » | » | 33 | Fondary |
| 3 | » | » | » | » | 34 | Thierry |
| 3 | » | » | » | » | 35 | Mathieu |
| 6 | 25 | Lenner | Paris | Billet | 36 | Anselme |
| 6 | » | » | » | » | 37 | Richer |
| 6 | » | » | » | » | 38 | Oppenheim |
| 6 | » | » | » | » | 39 | Balleras |
| 6 | » | » | » | » | 40 | Zimermann |

(Faire un livre de l'entrée seulement, si l'on veut, avec ce modèle)



(3)

1868.

| Villes | Nos | Rues | Échéances | | | Sommes | | Escomptes, Changes, Intérêts, Pertes | | Escomptes, Changes, Intérêts, Profits | | Numéros de sortie |
|---|---|---|---|---|---|---|---|---|---|---|---|---|
| Paris | 62 | Ménilmontant | 28 | Février | 1869 | 150 | » | » | » | » | » | |
| » | 5 | Bould. Sébastopol | » | » | » | 200 | » | » | » | » | » | |
| » | 14 | des Marais | » | » | » | 500 | » | » | » | » | » | |
| Strasbourg | 62 | du Rempart | 5 | Mars | » | 1298 | » | » | » | » | » | |
| dº | 24 | Grande-Rue | 28 | Février | | 352 | » | » | » | » | » | |
| Toulouse | 2 | du Musée | » | » | » | 260 | 30 | » | » | » | » | 12 |
| Paris | 48 | St-Sulpice | 8 | Juin | » | 456 | » | » | » | » | » | |
| Nancy | 8 | de Malte | 18 | Mars | » | 897 | » | » | 60 | » | » | |
| Paris | 230 | Faubg St-Honoré | 25 | Décembre | 1868 | 520 | » | » | » | » | » | 11 |
| » | 82 | St-Honoré | 31 | » | » | 1000 | » | » | » | » | » | 17 |
| » | 9 | Ste-Anne | » | » | » | 2000 | » | » | » | » | » | 18 |
| » | 11 | Beauregard | » | » | » | 907 | » | » | » | » | » | 19 |
| Paris | 19 | St-François | 31 | Janvier | 1869 | 100 | » | » | » | » | » | 20 |
| » | 5 | Rivoli | 15 | » | » | 125 | » | » | » | » | » | 21 |
| » | 15 | de Seine | 28 | Février | » | 95 | » | » | » | » | » | |
| » | 18 | Aubry-le-Boucher | 10 | » | » | 215 | » | » | » | » | » | |
| » | 7 | Vieux-Augustins | 25 | Janvier | » | 1000 | » | » | » | » | » | 22 |
| Macon | 3 | du Canal | 31 | Mars | » | 160 | » | » | » | » | » | |
| Besançon | 17 | Napoléon | 25 | » | » | 120 | 85 | » | » | » | » | |
| Paris | 9 | Cloître | 15 | » | » | 300 | 35 | » | » | » | » | |
| Mulhouse | 22 | de l'Église | 22 | » | » | 200 | 25 | » | » | » | » | |
| Blois | 34 | du Château | 31 | » | » | 152 | » | » | » | » | » | |
| Journal centralisateur fº 1. . . . . . . | | | | | | 11008 | 75 | » | 60 | » | » | |
| *Report des mois précédents F.* | | | | | | 14368 | 70 | | | | | |
| | | | | | | 25377 | 45 | | | | | |

(3)

**Sortie** *Décembre*

| Folios du Débit. | DATES | A QUI CÉDÉ | VILLES | OBSERVATIONS. | NUMÉROS DE SORTIE | NUMÉROS D'ENTRÉE |
|---|---|---|---|---|---|---|
| 2 | 29 | Besnard | Toulouse | m/ T$^{te}$ s/ lui rendue en paiement | 12 | 24 |
| 9 | 31 | Ch. Noel | Paris | à l'encaissement | 13 | 13 |
| 9 | » | » | » | » | 14 | 14 |
| 9 | » | » | » | » | 15 | 15 |
| 9 | » | » | » | » | 16 | 18 |
| 3 | » | Encaissé | » | » | 17 | 28 |
| 3 | » | » | » | » | 18 | 29 |
| 3 | » | » | » | » | 19 | 30 |
| 9 | » | Ch. Noel | » | » | 20 | 31 |
| 9 | » | » | » | » | 21 | 32 |
| 9 | » | » | » | » | 22 | 35 |
| 9 | » | » | » | » | 23 | 11 |
| 9 | » | » | » | » | 24 | 12 |
| 9 | » | » | » | » | 25 | 16 |

« Modèle pour remplacer celui ci-contre f° 2 à la sortie en » « tant que colonnes d'escompte et d'intérêts. Mais le modèle » « précédent, inférieur pour l'exécution rapide est supérieur » « pour les attestations d'escomptes et d'intérêts à chaque compte » « personnel. — On peut faire un livre spécial pour cette sortie » » sans y ajouter l'entrée. »



(3)

1868

| PAYEURS. | VILLES. | N$^{os}$ | RUES | ÉCHÉANCES. | | SOMMES DES EFFETS | | SOMMES NETTES au Débit des Preneurs | |
|---|---|---|---|---|---|---|---|---|---|
| Besnard | Toulouse | 2 | du Musée | 28 | Février | 260 | 30 | 260 | 30 |
| Cond | Bordeaux | 8 | St-André | 31 | Janvier | 260 | » | 257 | » |
| Crépin | Toulouse | 10 | Cloître | 25 | » | 340 | » | 336 | » |
| Arthur | Toulouse | 18 | Firmin | 31 | » | 300 | » | 296 | 40 |
| Bec | Marseille | 32 | Royale | » | » | 120 | 05 | 118 | 55 |
| Gosselin | Paris | 82 | St-Honoré | » | Décembre | 1000 | » | 1000 | » |
| Quentin | » | 9 | Ste-Anne | 31 | Décembre | 2000 | » | 2000 | » |
| Joseph | » | 11 | Beauregard | » | » | 907 | » | 907 | » |
| Lapray | » | 19 | St-François | 31 | Janvier | 100 | » | 99 | » |
| Ayala | » | 5 | Rivoli | 15 | » | 125 | » | 124 | 70 |
| Mathieu | » | 7 | Vieux-Augustins | 25 | » | 1000 | » | 990 | » |
| Dubois | » | 13 | Lamartine | 31 | » | 120 | » | 118 | 80 |
| Hallot | Paris | 25 | Provence | 25 | » | 140 | 40 | 138 | 60 |
| Magnier | » | 22 | du Nail | 31 | Janvier | 205 | » | 203 | 05 |
| | | | Journal centralisateur f° 1. | | | 6877 | 75 | 6849 | 40 |
| | | | *Total des mois précédents F.* | | | 13403 | 25 | 13403 | 25 |
| Journal f° 1. | | | Pertes à la sortie des Effets en Décembre. | | | | | 28 | 35 |
| | | | | | | 20281 | » | 20281 | » |
| | | | Somme des Effets en portefeuille, | | | 5096 | 45 | | |
| | | | | | | 25377 | 45 | | |

Nous ne pourrions faire remarquer pour ce livre que : par l'addition il se transforme, mieux, il procure l'équivalence des débits et crédits du compte d'Effets à recevoir ; par l'inscription *journalière* il est de beaucoup supérieur au *journal* et le remplace avec avantage, n'étant pas composé après coup, mensuellement, sans développement. mélangé arbitrairement à toutes sortes d'écritures sans rapports avec sa nature, et nécessitant un jonglement de débits et crédits.

Il est : il atteste son intégrité par l'unité et la totalité, n'admettant aucune adjonction, diminution ou substitution, en ne voulant bien faire partie de la grande famille comptable, que s'il conserve son originalité.

Insistons : que signifie le soit-disant journal où pêle-mêle sont entassées écritures sur écritures ; où confusionément sont rapprochées valeurs actives et passives, objet moyen, nécessités, séries personnelles, séries commerciales, séries particulières, séries générales ; où l'exécution se fait à sang-froid, et permet omission, élimination, falsification ? N'est-il pas temps de le délaisser pour reconnaître à sa place le livre de la valeur?

Celui-ci à part sa spécialité et son intégralité, se compose par le fait même des opérations, rend inutile le double emploi d'un compte et oppose à la mauvaise foi, l'impossibilité des fausses écritures. De plus nous y avons ajouté sous trois formes différentes les escomptes et intérêts que nécessitent l'entrée ou la sortie des Effets.

Notons que sur tout registre c'est par le nom du cédant ou du bénéficiaire que doit commencer l'écriture, et pour ici que le nº d'ordre n'est pas placé au début, comme cela est généralement pratiqué, afin d'obéir à ce principe.

Il y a en Décembre trois Effets sortis contre leur encaissement ; le folio qui se trouve en regard est celui de la Caisse dans lequel cette entrée de valeur a été inscrite.

# LIVRE DE CAISSE

ET

# FRAIS GÉNÉRAUX.

(1) 
# LIVRE DE CAISSE

| Folios du Crédit. | | Octobre 1868. | Pertes | | Recettes | | | |
|---|---|---|---|---|---|---|---|---|
| 5 | 1er | Espèces de l'inventaire *(versement du négociant)* | | | » | » | 20000 | » |
| 2 | 11 | Vente au comptant (Langlais) | » | 75 | 1262 | » | | |
| 3 | 15 | d° (Hardy) | » | 50 | 337 | » | | |
| 1 | » | Bonnaventure | 1 | 35 | 66 | 65 | | |
| 2 | 20 | Crombec, par le chemin de fer de l'Ouest | | | 229 | 10 | | |
| 5 | » | Lée | 1 | 95 | 62 | 75 | | |
| 4 | 25 | Hoffert, s/ versement à m/ frère | 3 | » | 300 | » | | |
| | | Journal centralisateur f° 1. . | 7 | 55 | 2257 | 50 | | |
| | | *Espèces à l'inventaire, F.* | | | 20000 | » | | |
| | | *F.* | | | 22257 | 50 | | |

(1)

| Folios du Débit. | | Octobre 1868. | PROFITS | | DÉPENSES | | FRAIS GÉNÉRAUX | |
|---|---|---|---|---|---|---|---|---|
| | 2 | Charbon et bois | | | | | 200 | » |
| | 5 | Ate Beauchery s/ prélèvement | | | | | 300 | » |
| 1 | 7 | Un poêle et ses tuyaux | | | 125 | » | » | » |
| 1 | 9 | Une glace | | | 80 | » | » | » |
| 1 | 11 | Note du menuisier (Anselme) | | | 103 | » | » | » |
| | 20 | Port du remboursement Crombec | | | » | | » | 35 |
| 10 | 25 | Ernest Beauchery, à lui versé par Hoffert | | | 300 | » | » | » |
| 2 | 31 | Bartès | 5 | » | 18 | 50 | » | » |
| 4 | » | Dufour | » | 50 | 16 | 50 | » | » |
| 1 | » | Effets à payer n° 1 | | | 2940 | » | » | » |
| 10 | » | Rendu propriétaire (6 mois d'avance) | | | 2500 | » | » | » |
| | » | Impositions | | | | | 200 | » |
| | » | Assurance l'Urbaine (1re année) | | | | | 375 | » |
| | » | Appointements Ate Perdreau, 1er | | | | | 325 | » |
| | » | » Beaucaire, 2me | | | | | 200 | » |
| | » | » Brinck, teneur de livres | | | | | 300 | » |
| | » | » Boeger, placier | | | | | 100 | » |
| | » | » Bruner, Garçon | | | | | 150 | » |
| 9 | » | Ch. Noël, banquier mon dépôt | | | 14000 | » | | |
| 1 | » | Barbaroux : avance de paiement | 67 | 40 | » | » | » | » |
| | | *Journal centralisateur f° 1* . . . | 72 | 90 | 20083 | » | 2150 | 35 |
| | | Frais généraux. . . | | | 2150 | 35 | | |
| | | Dépenses. . . | | | 22233 | 35 | | |
| | | Espèces au 31 Octobre. | | | 24 | 15 | | |
| | | | | | 22257 | 50 | | |

(2)

| Folios du Crédit. | | Octobre 1868. | ESCOMPTES, Changes, Intérêts, PERTES. | | RECETTES | | | |
|---|---|---|---|---|---|---|---|---|
| | | En caisse | | | » | » | 24 | 15 |
| 2 | 1er | Crombec par ch. de fer de l'Ouest | » | » | 2382 | 50 | | |
| 3 | 15 | Crocol (4 o/o et rabais s/ 125.30) | 5 | 30 | 120 | » | | |
| 2 | » | Effets à recevoir n° 12 | » | » | 5025 | » | | |
| 10 | » | Ernest Beauchery, par 1 bon s/ la poste | » | » | 300 | » | | |
| 7 | » | Vve Michaud | » | » | 2694 | 05 | | |
| 9 | 16 | Ch. Noel s/ bon no 1 o/ A. Crombec | » | » | 500 | » | | |
| 1 | 30 | Bonnaventure | » | 10 | 500 | » | | |
| 1 | » | do | » | » | 2 | 50 | | |
| | | Journal centralisateur f° 1. . | 5 | 40 | 11524 | 05 | | |
| | | *Report d'Octobre F.* | | | 22257 | 50 | | |
| | | F. | | | 33781 | 55 | | |

([illegible])

| Folios du Débit. | | Novembre 1868. | ESCOMPTES, Changes, Intérêts, PROFITS. | | DÉPENSES | | FRAIS GÉNÉRAUX | |
|---|---|---|---|---|---|---|---|---|
| 2 | 1er | Achat comptant (Blanville) | » | 50 | 44 | 50 | » | » |
| 2 | 2 | Apprêteur (Loiseau, facture d'Octobre | » | » | 52 | » | » | » |
| 2 | 4 | Achat comptant (Jéricho) | » | 95 | 49 | » | » | » |
| 2 | » | Port de la balle (Montagnac) | » | » | 5 | 25 | | |
| 1 | 5 | Bonnaventure m/ prêt | 2 | 50 | 500 | » | » | » |
| 2 | 5 | Transport d'une caisse de chez Dufour | » | » | 1 | 75 | » | » |
| 2 | 7 | Effet à payer n° 2 | » | » | 303 | » | » | » |
| | » | Prélèvement par Ate Beauchery | » | » | | » | 400 | » |
| | 10 | Port du remboursement Crombec | » | » | » | | » | 35 |
| 2 | 15 | Effets à payer N° 3 | » | » | 200 | 25 | » | » |
| 2 | 15 | Effets à payer n° 4 | » | » | 600 | » | » | » |
| 2 | » | d° n° 5 | » | » | 225 | 50 | » | » |
| 2 | 15 | Décatisseur (Landelle) Octobre | » | 60 | 30 | 40 | | |
| 2 | » | Port de la balle (Boistelle) | » | » | 2 | 75 | » | » |
| 2 | 16 | d° (Doehnel) | » | » | 1 | 25 | » | » |
| 2 | » | Effets à payer N° 6 | » | » | 495 | » | » | » |
| 2 | » | Crombec Bon Noël N° 1 à s/ frère | » | » | 500 | » | » | » |
| 2 | 18 | Port de la balle (Barbaroux) | » | » | 3 | 50 | » | » |
| 2 | » | d° (Taffonneau) | » | » | 2 | » | » | » |
| 2 | 20 | Effets à payer N° 7 | » | » | 300 | » | » | » |
| 2 | 22 | Port de la balle (Montagnac) | » | » | 5 | 40 | » | » |
| 2 | » | Achat au comptant (Blanville) | 1 | » | 44 | » | » | » |
| 2 | 23 | Port de la balle (Bouchez) | » | » | 1 | 95 | » | » |
| 2 | 24 | d° (Doehnel) | » | » | 1 | 25 | » | » |
| 2 | 25 | Effets à payer N° 8 | » | » | 700 | 75 | » | » |
| 2 | 36 | d° N° 9 | » | » | 250 | » | » | » |
| 2 | » | d° N° 10 | » | » | 361 | 60 | » | » |
| | | Journal centralisateur f° 1. . . | 5 | 55 | 4681 | 10 | 400 | 35 |
| | | Frais généraux. . . | | | 400 | 35 | | |
| | | | | | 5081 | 45 | | |
| | | *Report d'Octobre F.* | | | 22233 | 35 | 2150 | 35 |
| | | | | | 27314 | 80 | 2550 | 70 |
| | | *Espèces en caisse F.* | | | 6466 | 75 | | |
| | | | | | 33781 | 55 | | |

(3)

| Folios du Crédit | | Décembre 1868 | ESCOMPTES, Intérêts, Change, PERTES. | | RECETTES | | | |
|---|---|---|---|---|---|---|---|---|
| | | En caisse | » | » | | | 6466 | 75 |
| 7 | 15 | Vente au comptant (Claude) | 3 | 05 | 148 | 95 | | |
| 7 | » | Rowold (4 0/0 sur 5540 60) | 221 | 60 | 892 | » | | |
| 8 | » | Rousseau (2 0/0 pour avance) | 10 | » | 500 | » | | |
| 8 | 25 | Rousseau (2 0/0 pour avance) | 20 | » | 1000 | » | | |
| 1 | » | Bec (4 0/0 et rabais s/ 200 25) | 8 | 25 | 192 | » | | |
| 2 | » | Crombec versé par lui | » | » | 500 | » | | |
| 3 | 29 | Crocol (4 0/0 s/ f 16110) | 645 | » | 15465 | » | | |
| 7 | 31 | Magnier (6 0/0 comptant de 352 50) | 21 | 50 | 331 | » | | |
| 8 | » | Rousseau (2 0/0 pour avance) | 40 | » | 2000 | » | | |
| 3 | » | Effets à recevoir no 17 | » | » | 1000 | » | | |
| 3 | » | do » 18 | » | » | 2000 | » | | |
| 3 | » | do » 19 | » | » | 907 | » | | |
| 9 | » | Ch. Noel s/ bon no 2 o/ Barbier | 180 | » | 7410 | » | | |
| 9 | » | do » 3 » Millot | | | 248 | » | | |
| 9 | » | do » 4 » Bonaventure | | | 500 | » | | |
| 2 | » | Crombec Intérêts 6 0/0 s/ f 500. 1. mois | | | 2 | 50 | | |
| | | | | | » | » | | |
| | | Journal centralisateur fo 1. . . . | 1149 | 40 | 33096 | 45 | | |
| | | *Report de Novembre* | | | 33781 | 55 | | |
| | | *F.* | | | 66878 | 00 | | |

(3)

| Folios du débit | | Décembre 1868. | Escompte, Change, Intérêts, Profits. | | DÉPENSES | | FRAIS GÉNÉRAUX | |
|---|---|---|---|---|---|---|---|---|
| | 1er | Appointements Ate Perdreau | » | » | | | 325 | » |
| | » | » Trapet | » | » | | | 200 | » |
| | » | » Brinck | » | » | | | 300 | » |
| | » | » Beoger | » | » | | | 100 | » |
| | » | » Brunet | » | » | | | 150 | » |
| | 1er | Ate Beauchery s/ prélèvement | » | » | | | 300 | » |
| | » | Gaz 2 mois | » | » | | | 32 | » |
| 4 | » | Dufour (3 p. 0/0 s/ 48 00) | 1 | 45 | 46 | 55 | » | » |
| 4 | » | Duhour | » | » | 35 | » | » | » |
| 6 | » | Millot | » | 40 | 193 | » | » | » |
| 3 | 5 | Au comptant, achat à Renaud | » | » | 3 | 75 | » | » |
| 3 | 5 | Effets à payer nº 11 | » | » | 1000 | » | » | » |
| 3 | 10 | dº nº 12 | » | » | 400 | » | » | » |
| 3 | » | dº nº 13 | » | » | 500 | » | » | » |
| 3 | 20 | dº nº 14 | » | » | 900 | » | » | » |
| 3 | 25 | dº nº 15 | » | » | 230 | » | » | » |
| 3 | 31 | dº nº 16 | » | » | 500 | 25 | » | » |
| 3 | » | dº nº 17 | » | » | 300 | » | » | » |
| | » | Frais de bureau et de magasin | » | » | | | 175 | » |
| 1 | » | Bouchez (escompte 2 0/0) | 1 | 65 | 80 | 85 | » | » |
| 2 | » | Barbier bon Noel nº 2 | » | » | 7410 | » | » | » |
| 6 | » | Millot » nº 3 | » | 75 | 248 | » | » | » |
| 1 | » | Bonnaventure m/ prêt nº 4 | » | » | 500 | » | » | » |
| 3 | » | Caton escompte s/ Bt nº 35 | | | | | | |
| 3 | » | de 195 15 à lui | 2 | 90 | 192 | 25 | » | » |
| 6 | » | J. Lheureux (escompte 3 0/0) | » | 60 | 19 | 15 | | |
| 2 | » | Crombec | 2 | 50 | » | » | » | » |
| | | Journal centralisateur fº 1. . . | 10 | 25 | 12558 | 80 | 1582 | » |
| | | Frais généraux. . . | | | 1582 | » | | |
| | | | | | 14140 | 80 | | |
| | | *Report de Novembre*. . . | | | 27314 | 80 | 2550 | 70 |
| | | | | | 41455 | 60 | 4132 | 70 |
| | | Espèces en caisse. . . | | | 25422 | 40 | | |
| | | | | | 66878 | » | | |

Equivalent du débit et du crédit du Cte de Caisse, ce journal des opérations et fluctuations des espèces signale au début celles existant à l'inventaire. Ce qui motive la constatation de cette valeur d'inventaire au livre de Caisse, c'est le besoin du montant de l'effectif, la nécessité où l'on est de vérifier journellement par l'addition et la soustraction, l'exactitude des chiffres avec la quantité monétaire, et la preuve de cette corrélation par l'établissement en chiffres des entrées et des sorties.

Par la division en deux colonnes de la sortie des espèces on obtient instantanément le montant des Frais généraux.

Par l'accolation des escomptes en perte ou en bénéfice on obtient instantanément le montant des Pertes et Profits et la possibilité de les porter de suite par détail à chaque compte, comme le total à classer au livre de centralisation lorsqu'il est augmenté de celui trouvé aux Effets à recevoir et aux Effets à payer.

Mais nous avouerons qu'en tant ce qui concerne le livre de Caisse si nous avons voulu donner satisfaction à l'habitude en arrêtant la situation et en la constatant, nous prétendons que l'avenir se débarrassera de cette entrave, car, en sortant chaque jonr le chiffre de la recette et celui de la dépense dans une colonne extérieure puis additionnant chaque page et reportant, on peut constater par une simple soustraction, faite à part, la somme devant rester, s'assurer si elle est bien existante, et tout cela sans qu'il soit utile de faire tout un travail pour constater la Caisse.

Nous ne terminerons pas de ce livre sans signaler une particularité, concernant les folios, particularité qui se reproduit du reste à chaque Journal ; dans l'ancienne méthode l'on dit, par exemple, sur le journal :

**Caisse à Marchandises** vente au comptant, etc., et le folio *du compte* de Caisse se trouve en regard de ce titre. Ici rien de cela : c'est toujours et seulement le folio du *Journal* d'une valeur ou celui d'un compte opposé qui s'applique en regard de sa dénomination ; ainsi au mois de Décembre il y a le 15 une vente au comptant de f. 148,95; or le fofio qui est est attaché à cette vente n'est pas celui de la Caisse, mais bien celui de la Marchandise : c'est comme en partie simple.

# LIVRE D'ENTRÉE ET DE SORTIE DES EFFETS A PAYER

(1)

**Entrée** *Octobre*

| Folios du Crédit. | COMMENT ENTRÉS | OBSERVATIONS | BÉNÉFICIAIRES | VILLES | Numéros d'entrée. | DATES | SOMMES | | Numéros de sortie. |
|---|---|---|---|---|---|---|---|---|---|
| 1 | Acquitté | Traite acceptée | Barbaroux | Elbeuf | 1 | 31 | 2940 | » | 11 |
| | | | | | | Journal centralisateur f° 1 . . . | 2940 | » | |
| | | | | | | *Sommes des Effets à payer.* | 5536 | 35 | |
| | | | | | | | 8476 | 35 | |

« Ce modèle et le suivant ne peuvent être mis en usage que par les »
« maisons ou les échéances sont peu nombreuses ; la première colonne »
« est destinée à l'acquit, car c'est généralement ainsi que ces effets entrent: »
« le folio hors cadre, en marge ou dans la première colonne est celui de la »
« Caisse à la dépense.

(1)

1868 **Sortie**

| Folios du Débit | DATES | BÉNÉFICIAIRES | VILLES | OBSERVATIONS | BILLETS ou TRAITES | Numéros de sortie | ÉCHÉANCES | | SOMMES | | Numéros d'entrée |
|---|---|---|---|---|---|---|---|---|---|---|---|
| 5 | 1er | Inventaire | Paris | O/ Dufour | Bet | 1 | Déc. | 10 | 400 | » | 12 |
| 5 | » | » | » | » Barbier | » | 2 | Nov. | 25 | 700 | 75 | 8 |
| 5 | » | » | » | » Dubour | » | 3 | Déc. | 31 | 500 | 25 | 16 |
| 5 | » | » | Lyon | » Boistelle | » | 4 | » | » | 300 | » | 17 |
| 5 | » | » | Elbeuf | » Barbaroux | » | 5 | Nov. | 20 | 300 | » | 7 |
| 5 | » | » | Reims | » Bouchez | » | 6 | » | 30 | 250 | » | 9 |
| 5 | » | » | Mulhouse | » Montagnac | » | 7 | » | 15 | 600 | » | 4 |
| 5 | » | » | Paris | » Quentin | » | 8 | » | » | 225 | 50 | 5 |
| 5 | » | » | Elbeuf | » Jovinet | » | 9 | Déc. | 20 | 900 | » | 14 |
| 5 | » | » | » | do | » | 10 | Nov. | 15 | 200 | 25 | 3 |
| 5 | | | | | | | | | 4376 | 75 | |
| 1 | 12 | Barbaroux | Elbeuf | | Tte ac. | 11 | 31 | Oct. | 2940 | » | 1 |
| 1 | 25 | » | » | | » n/ ac | 12 | 30 | Nov. | 361 | 60 | 10 |
| 4 | » | Hoffert | Strasbourg | p. s/ prêt à m/frère | Tte » | 13 | » | vue | 303 | » | 2 |
| 2 | 31 | Bartès | Paris | | » » | 14 | vue 8 jours | | 495 | » | 6 |
| | | | | Journal centralisateur fo 1 . . . | | | | | 4099 | 60 | |
| | | | | *Report de l'inventaire* . . . | | | | | 4376 | 75 | |
| | | | | | | | | | 8476 | 35 | |

(2)

**Entrée** *Novembre*

| Folios du Crédit | COMMENT ENTRÉS | OBSERVATIONS, | BÉNÉFICIAIRES. | VILLES | Numéros d'entrée | Numéros de sortie | DATES | SOMMES | |
|---|---|---|---|---|---|---|---|---|---|
| 2 | Acquitté | Tte non acc.tée | Hoffert | Strasbg. | 2 | 13 | 7 | 303 | : |
| 2 | » | M/ billet | Jovinet | Elbeuf | 3 | 10 | 15 | 200 | 25 |
| 2 | » | » » | Montagnac | Mulhse. | 4 | 7 | » | 600 | » |
| 2 | » | » » | Quentin | Paris | 5 | 8 | » | 225 | 50 |
| 2 | | Tte non acc.tée | Bartès | » | 6 | 14 | 16 | 495 | » |
| 2 | » | M/ billet | Barbaroux | Elbeuf | 7 | 5 | 20 | 300 | » |
| 2 | » | » » | Barbier | Paris | 8 | 2 | 25 | 700 | 75 |
| 2 | » | » » | Bouchez | Reims | 9 | 6 | 30 | 250 | » |
| 2 | » | Tte non acc.tée | Barbaroux | Elbeuf | 10 | 12 | » | 361 | 60 |
| | | | | | | | Journal centralisateur fo 1. . . | 3436 | 10 |
| | | | | | | | *Report d'Octobre F.* | 2940 | » |
| | | | | | | | *F.* | 6376 | 10 |
| | | | | | | | *Sommes des Effets à payer. . .* | 11095 | 80 |
| | | | | | | | | 17471 | 90 |

(2)

1868 **Sortie**

| Folios du débit | DATES | BÉNÉFICIAIRES | VILLES | OBSERVATIONS | Billets ou Traites | Numéros de sortie | ÉCHÉANCES | | SOMMES | | Escompte, Change, Intérêts. | | Numéros d'entrée |
|---|---|---|---|---|---|---|---|---|---|---|---|---|---|
| 7 | 1er | Montagnac | Mulhouse | | Billet | 15 | Janv. | 31 | 2000 | » | » | 25 | |
| 7 | » | » | » | | » | 16 | » | » | 2422 | » | » | » | |
| 5 | 3 | Jovinet | Elbeuf | Renouvelable à 3 mois | Tte ac. | 17 | » | » | 940 | » | » | » | |
| 5 | 4 | Labrosse | Sedan | | » ac. | 18 | » | » | 953 | 50 | » | » | |
| 1 | » | Bouchez | Reims | | » ac. | 19 | » | » | 666 | 75 | » | » | |
| 3 | 20 | Boistelle | Lyon | | » ac. | 20 | Déc. | 5 | 1000 | » | » | » | 11 |
| 3 | » | » | » | | » ac. | 21 | Déc. | 10 | 500 | » | » | » | 13 |
| 3 | » | » | » | | » ac. | 22 | » | 25 | 230 | » | » | » | 15 |
| 1 | 25 | Barbaroux | Elbeuf | | » n/ ac | 23 | Janv. | » | 283 | 30 | 5 | 70 | |
| | | | | Journal centralisateur fo 1. . . | | | | | 8995 | 55 | 5 | 95 | |
| | | | | *Report d'Octobre F.* | | | | | 8476 | 35 | | | |
| | | | | F. | | | | | 17471 | 90 | | | |

(3) (3)

*Décembre* 1868.

| Folios du Crédit | COMMENT ENTRÉS | OBSERVATIONS | BÉNÉFICIAIRE | VILLES | Numéros d'entrée | Numéros de sortie | 5 | | 10 | | 15 | | 20 | | 25 | | 30, 31 | | TOTAL. | |
|---|---|---|---|---|---|---|---|---|---|---|---|---|---|---|---|---|---|---|---|---|
| 3 | Acquitté | Traite acceptée | Boistelle | Lyon | 11 | 20 | 100 | » | » | » | » | » | » | » | » | » | » | » | 1000 | » |
| 3 | » | m/ Billet | Dufour | Paris | 12 | 1 | » | » | 400 | » | » | » | » | » | » | » | » | » | 400 | » |
| 3 | » | Traite acceptée | Boistelle | Lyon | 13 | 21 | » | » | 500 | » | » | » | » | » | » | » | » | » | 500 | » |
| 3 | » | m/ Billet | J. Jovinet | Elbeuf | 14 | 0 | » | » | » | » | » | » | 900 | » | » | » | » | » | 900 | » |
| 3 | » | Traite acceptée | Boistelle | Lyon | 15 | 22 | » | » | » | » | » | » | » | » | 230 | » | » | » | 230 | » |
| 3 | » | m/ Billet | Dubour | Paris | 16 | 3 | » | » | » | » | » | » | » | » | » | » | 500 | 25 | 500 | 25 |
| 3 | » | » » | Boistelle | Lyon | 17 | 4 | » | » | » | » | » | » | » | » | » | » | 300 | » | 300 | » |
| | | | | Journal centralisateur f° 1. . . | | | 1000 | » | 900 | » | » | » | 900 | » | 230 | » | 800 | 25 | 3830 | 25 |
| | | | | *Total des mois précédents.* | | | » | » | » | » | » | » | » | » | » | » | » | » | 6376 | 10 |
| | | | | | | | » | » | » | » | » | » | » | » | » | » | » | » | 10206 | 35 |
| | | | | | | | | | | | | | | | | | *Somme des Effets à payer.* | | 8909 | 80 |
| | | | | | | | | | | | | | | | | | | | 19116 | 15 |

(Cette entrée des Effets à Payer se compose *pour le mois suivant*, à la fin de chaque mois, sans clore l'addition instantanément pour ajouter les Effets qui pourraient être créés pendant le mois en exercice.) — *Avec cette réglure ne faire qu'un livre pour l'Entrée, si on le préfère.*

(3)

**Sorties** *Décembre*

| Folios du Débit. | DATES | BÉNÉFICIAIRES | VILLES | OBSERVATIONS |
|---|---|---|---|---|
| 8 | 1er | Taffonneau | Reims | |
| 7 | » | Montagnac | Mulhouse | |
| 2 | 3 | Bartés | Paris | |
| 4 | 31 | Doflein | Leipsig | sa couverture, de valeurs à l'encaissement. |

*Ce tracé provoque l'emploi d'un seul livre pour la sortie.*

## JANVIER 1869

« Pour les Effets à recevoir et les Effets à payer, commencer un nouveau »
« mois, lorsque le précédent couvre une trop faible partie de la page, sur »
« cette même page. » (Voici un exemple.)
« De même pour tous les livres. »



(3)

1868.

| TRAITES ou BILLETS | Numéros de sortie | Numéros d'entrée | ÉCHÉANCES | | SOMMES | | TOTAL | | Escompte, Changes, Intérêts, Pertes. | | Escompte, Changes, Intérêts, Profits. | |
|---|---|---|---|---|---|---|---|---|---|---|---|---|
| Sa traite, n/ ac. | 24 | | Janv. | 31 | 240 | » | | | » | » | » | » |
| M/ Billet | 25 | | Févr. | 28 | 870 | 50 | | | » | » | » | » |
| » | 26 | | Janv. | 31 | 172 | 50 | | | » | » | » | » |
| S/ traite, n/ ac. | 27 | | Févr | 28 | 361 | 50 | | | | | | |
| | | | Journal centralisateur f° 1. . . | | | | 1644 | 25 | | | | |
| | | | *Report des mois précédents. . .* | | | | 17471 | 90 | | | | |
| | | | | | | | 19116 | 15 | | | | |

## JANVIER 1869

| TRAITES ou BILLETS | Numéros de sortie | Numéros d'entrée | ÉCHÉANCES | | SOMMES | | TOTAL | | Escompte, Changes, Intérêts, Pertes. | | Escompte, Changes, Intérêts, Profits. | |
|---|---|---|---|---|---|---|---|---|---|---|---|---|
| | 28 | | | | | | | | | | | |
| | 29 | | | | | | | | | | | |
| | 30 | | | | | | | | | | | |
| | 31 | | | | | | | | | | | |
| | 32 | | | | | | | | | | | |
| | 33 | | | | | | | | | | | |
| | 34 | | | | | | | | | | | |
| | 35 | | | | | | | | | | | |
| | 36 | | | | | | | | | | | |
| | 37 | | | | | | | | | | | |
| | 38 | | | | | | | | | | | |
| | 39 | | | | | | | | | | | |
| | 40 | | | | | | | | | | | |
| | | | (s'il y a report) à reporter F. | | | | | | | | | |

Nous n'avons jusqu'à présent dit mot sur le libellé des écritures, ayant eu grande attention dans notre pratique de pousser jusque dans ses dernières limites la rigueur d'une théorie absolue; néanmoins nous recommanderons á la sortie des Effets à payer de signaler, lors d'une traite, si elle est acceptée ou non; cela évitera des doubles emplois dans le tirage et dans l'acceptation.

Quant au reste, qu'on lise le libellé de chacun de nos articles, chaque mot y a été pesé pour sa portée et pour son placement, rien n'est en trop rien n'est à retrancher, et tout est commandé par la pratique la plus rationnelle pour l'épuration des utopies.

On ne pourrait rien changer de sérieux, et le lecteur n'a qu'à y appliquer le raisonnement, l'étude, l'examen et la conséquence; alors il nous saura gré de notre sobriété de développements: du reste nous serons toujours à sa disposition pour ce qui lui paraîtrait encore obscur ou étrange; de même pour l'initiation des comptables.

Quoiqu'il en soit nous avons toujours à faire à l'équivalent d'un compte, ou d'une de ces parties constituantes, et pour cette fois c'est au débit et au crédit du compte des Effets à payer, que nous remplaçons par ce ou ces livres d'enregistrement des Effets souscrits et à payer. Nous l'élevons en plus au rang de Journal et par l'addition continue prouvons notre dire et empêchons les fantaisies.

La somme de ceux en circulation à l'inventaire y est portée: la raison consiste en la nécessité de leur évidence et connaissance, pour composer le carnet d'échéance et pour l'exécution de l'addition mensuelle.

A la réouverture des livres on les porte à nouveau il en est de même pour les Effets à recevoir.

---

(1)

# MOBILIER INDUSTRIEL

| | 1868 | | | | | ENTRÉES | | SORTIES |
|---|---|---|---|---|---|---|---|---|
| 5 | Octobre | 1er | à l'inventaire | | | » | » | |
| » | » | » | Un comptoir en chêne | | | 300 | » | |
| » | » | » | d° | | | 500 | » | |
| » | » | » | d° | | | 450 | » | |
| » | » | » | d° | | | 1000 | » | |
| » | » | » | Deux casiers en chêne à | 280 | » | 560 | » | |
| » | » | » | Un bureau d° | | | 89 | » | |
| » | » | » | Un d° acajou | | | 380 | » | |
| » | » | » | Un casier d° | | | 25 | » | |
| » | » | » | Six mètres en bois à | 2 | » | 12 | » | |
| » | » | » | Ustensiles de bureau, chaises | | | 75 | » | |
| » | » | » | Lampes et supports, compteur | | | 200 | » | |
| » | » | » | Caisse | | | 575 | » | |
| | | | | | | 4166 | » | |
| 1 | » | 6 | Un poêle et ses tuyaux (achat comptant) | | | 125 | » | |
| 1 | » | 9 | Une glace d° | | | 80 | » | |
| 1 | » | 11 | Note du menuisier (Anselme) d° | | | 103 | » | |
| | | | *Journal centralisateur f° 1. . .* | | | 308 | » | |
| | | | *Report de l'inventaire. . .* | | | 4166 | » | |
| | | | | | | 4474 | » | |

**ENTRÉE** **Autre modèle** *(La sortie en regard)*

| | | | MOBILIER INDUSTRIEL | NAVIRE et ses APPARAUX | **Total** |
|---|---|---|---|---|---|
| | | | | | |

**Autre Modèle** *(La sortie en regard)*

| | MOBILIER INDUSTRIEL | USTENSILES de FABRICATION | **Total** |
|---|---|---|---|
| | | | |

**Autre Modèle** *(La sortie en regard)*

| | USTENSILES de FABRICATION | MACHINES | MOBILIER INDUSTRIEL | **Total** |
|---|---|---|---|---|
| | | | | |

**Autre Modèle** *(La sortie en regard)*

| | NAVIRE | APPARAUX AGRÈS | MACHINES USTENSILES | MOBILIER INDUSTRIEL | **Total** |
|---|---|---|---|---|---|
| | | | | | |

*(De même s'il y avait un immeuble, une fabrique.)*

# GRAND-LIVRE

## LIVRES DES ACHETEURS ET DES VENDEURS

ou

**des Comptes-courants**

ou

**des Échangeurs**

et

**des Comptes personnels.**

Extrait des livres qui viennent d'être confectionnés pour composer le compte de chacun par débit et crédit. Le transport des sommes de chaque livre à chaque compte se fait instantanément ou au jour le jour.

(1)

**Doit** **BARBAROUX**

| | 1868 | | | | | | | | | | |
|---|---|---|---|---|---|---|---|---|---|---|---|
| 1 | Octobre | 12 | s/ Traite, ac. N° | 11 | Octob | 31 | | 2940 | » | | |
| 1 | » | 13 | Escompte | 2 o/o | sur | 3000 | » | 60 | » | | |
| 1 | » | 23 | s/ Traite n/ ac. N° | 12 | Nov. | 30 | | 361 | 60 | | |
| 1 | » | » | Escompte | 2 o/o | sur | 369 | » | 7 | 40 | 3369 | » |
| 2 | Novembre | 25 | s/ Traite, n/ ac. N° | 23 | Janv. | 5 | | 283 | 30 | | |
| 2 | » | » | Escompte | 2 o/o | sur | 289 | » | 5 | 70 | 289 | » |
| 1 | Décembre | 31 | Balance, solde créditeur | | | | | » | » | 3658 | » |
| | | | | | | | | » | » | 398 | 50 |
| | | | | | | | | » | » | 4056 | 50 |

**BOUCHEZ**

| | 1868 | | | | | | | | | | |
|---|---|---|---|---|---|---|---|---|---|---|---|
| 2 | Novembre | 4 | s/ Traite, ac. N° | 19 | Janv. | 31 | | 666 | 75 | 666 | 75 |
| | 1868 | | | | | | | | | | |
| 3 | Décembre | 31 | Espèces | | | | | 80 | 85 | | |
| » | » | » | Escompte | 2 o/o | sur | 82 | 50 | 1 | 65 | 82 | 50 |
| | | | | | | | | | | 749 | 25 |



(1)

*de REIMS, sa traite à 2 mois, 2 o/o à un mois* **Avoir**

| | 1868 | | | | | | |
|---|---|---|---|---|---|---|---|
| 6 | Octobre | 1er | Marchandise à l'inventaire | 3000 | » | | |
| 1 | » | 18 | d° | 369 | » | 3369 | » |
| | 1868 | | | 3369 | » | | |
| 2 | Novembre | 18 | Marchandise | 289 | » | 289 | » |
| 3 | Décembre | 23 | d° | 398 | 50 | 398 | 50 |
| | | | | | | 4056 | 50 |
| | 1869 | | | | | | |
| 11 | Janvier | 1er | Inventaire | » | » | 398 | 50 |

*d'ELBEUF, sa traite à 3 mois.*

| | 1868 | | | | | | |
|---|---|---|---|---|---|---|---|
| 6 | Octobre | 1er | Marchandise à l'inventaire | 500 | » | | |
| 1 | » | 19 | d° | 160 | » | | |
| 1 | » | 20 | d° échantillons | 4 | » | | |
| 1 | » | 24 | » d° | 2 | 75 | | |
| | 1868 | | | 666 | 75 | 606 | 75 |
| 2 | Novembre | 23 | Marchandise | 82 | 50 | 82 | 50 |
| | | | | | | 749 | 25 |

(3)

**Doit** **BARTÈS**, *de Paris*

| | | | | | | | | | | | |
|---|---|---|---|---|---|---|---|---|---|---|---|
| | 1868 | | | | | | | | | | |
| 1 | Octobre | 5 | Billet N° | 1 | Nov. | 30 | | 500 | » | | |
| 1 | » | » | » | 2 | » | 25 | | 1000 | » | | |
| 1 | » | 31 | s/ Traite, m/ a° N° | 14 | 8 j. vue | | | 495 | » | | |
| 1 | » | » | Escompte | 1 o/o | sur | 500 | » | 5 | » | | |
| 1 | » | » | Espèces | | | | | 18 | 50 | 2018 | 50 |
| | | | | | | | | 2018 | 50 | | |
| | 1868 | | | | | | | | | | |
| 3 | Décembre | 3 | M/ Billet N° | 26 | 31 | 31 | | 172 | 50 | 172 | 50 |
| | | | | | | | | » | » | 2191 | » |

**Doit** *comptant 2 o/o* **BARBIER**, *de PARIS*

| | | | | | | | |
|---|---|---|---|---|---|---|---|
| | 1868 | | | | | | |
| 1 | Décembre | 31 | Espèces, N° | 2 | 7410 | » | 7410 | » |
| | | | | | » | » | 7410 | » |



(3)

*Rue VIVIENNE, 5, m/ réglement à 2 mois.* **Avoir**

| | | | | | | | |
|---|---|---|---|---|---|---|---|
| | 1868 | | | | | | |
| 6 | Octobre | 1er | Marchandise à l'inventaire | 2000 | » | | |
| 1 | » | 19 | » échantillons | 3 | » | | |
| 1 | » | 20 | » » | 9 | » | | |
| 1 | » | 24 | » » | 6 | 50 | 2018 | 50 |
| | 1868 | | | | | | |
| 2 | Novembre | 10 | Marchandise | 2018 | 50 | | |
| | | | | 172 | 50 | 172 | 50 |
| | | | | » | » | 2191 | » |

*Rue VIVIENNE, 13, vient recevoir à 3 mois.* **Avoir**

| | | | | | | | |
|---|---|---|---|---|---|---|---|
| | 1868 | | | | | | |
| 6 | Octobre | 1er | Marchandise à l'inventaire | 5000 | » | | |
| 1 | » | 17 | d° | 2160 | » | 7160 | » |
| 3 | Décembre | 16 | d° | 250 | » | 250 | » |
| | | | | 7410 | » | | |
| | | | | » | » | 7410 | » |

**Doit** **BOISTELLE**

| | | | | | | | | | | |
|---|---|---|---|---|---|---|---|---|---|---|
| | 1868 | | | | | | | | | |
| 2 | Novembre | 20 | s/ Traite. ac. No | 20 | Déc. | 5 | 1000 | » | | |
| » | » | » | » » » | 21 | » | 10 | 500 | » | | |
| » | » | » | » » » | 22 | » | 25 | 230 | » | 1730 | » |
| | | | | | | | 1730 | » | | |
| 1 | Décembre | 31 | Balance solde créditeur | | | | » | » | 130 | » |
| | | | | | | | | | 1860 | » |

**Doit** **DOEHENEL**

| | | | | | | | | | | |
|---|---|---|---|---|---|---|---|---|---|---|
| | 1868 | | | | | | | | | |
| 2 | Novembre | 30 | Billet à l'encais. | 7 | Janv. | 31 | 900 | 50 | 900 | 50 |
| | | | | | | | | | 900 | 50 |
| | 1869 | | | | | | | | | |
| 10 | Janvier | 1er | Inventaire | | | | » | » | 755 | 55 |



*de LYON, s/ m/ avis de réception s/ traite, 1 mois : sans Escompte 3 m/* **Avoir**

| | | | | | | | | |
|---|---|---|---|---|---|---|---|---|
| | 1868 | | | | | | | |
| 6 | Octobre | 1er | Marchandise à l'inventaire | | 1500 | » | | |
| 1 | » | 17 | do | | 110 | » | 1610 | » |
| 2 | Novembre | 15 | do | | 120 | » | 120 | » |
| | | | | | 1730 | » | | |
| | 1868 | | | | | | | |
| 3 | Décembre | 18 | Marchandise | | 130 | » | 130 | » |
| | | | | | | | 1860 | » |
| 11 | | | | | » | » | 130 | » |

*de ROUEN, papier s/ sa place à 1 mois* **Avoir**

| | | | | | | | | |
|---|---|---|---|---|---|---|---|---|
| | 1868 | | | | | | | |
| 1 | Octobre | 18 | Marchandise | | 44 | » | | |
| 1 | » | 20 | do | Échantillon | 5 | 45 | 49 | 45 |
| 2 | Novembre | 16 | do | | 43 | 75 | | |
| » | » | 24 | » | | 51 | 75 | 95 | 50 |
| | | | | | 144 | 95 | 144 | 95 |
| 1 | Décembre | 31 | Balance, solde créditeur | | » | » | 756 | 55 |
| | | | | | | | 900 | 50 |

(4)

**Doit** *3 o/o comptant* **DUFOUR** *de PARIS.*

| | 1868 | | | | | | | | | |
|---|---|---|---|---|---|---|---|---|---|---|
| 1 | Octobre | 31 | Espèces | | | | 16 | 50 | | |
| 1 | » | » | Escompte | 3 o/o | sur f. | 17 | » | 50 | 17 | » |
| 3 | Décembre | 31 | Espèces, | | | | 46 | 55 | | |
| 3 | Décembre | 31 | Escompte | 3 o/o | sur f. | 48 | 1 | 45 | 48 | » |
| | | | | | | | | | 65 | » |

**Doit** *vient recevoir à 2 mois* **BUBOUR** *de PARIS.*

| | 1868 | | | | | | | | | |
|---|---|---|---|---|---|---|---|---|---|---|
| 2 | Novembre | 30 | Billets N° | 5 | Déc. | 22 | 300 | » | | |
| » | » | » | » | 6 | » | 31 | 200 | » | 500 | » |
| 3 | Décembre | 1er | Espèces | | | | 35 | » | 35 | » |
| | | | | | | | | | 535 | » |



(4)

*Rue MONTMARTRE, 32, réglement 3 mois* **Avoir**

| | 1868 | | | | | | | |
|---|---|---|---|---|---|---|---|---|
| 1 | Octobre | 17 | Marchandise | | 12 | » | | |
| 1 | » | 23 | » | échantillons | 5 | » | 17 | » |
| 2 | Novembre | 15 | » | | 48 | » | 48 | » |
| | | | | | | | 65 | » |

*Rue GRENIER St-LAZARE, 47, sans escompte* **Avoir**

| | 1868 | | | | | | | |
|---|---|---|---|---|---|---|---|---|
| 1 | Octobre | 17 | March^{ses} cartons | | 500 | » | 500 | » |
| 2 | Novembre | 20 | » » | | 35 | » | 35 | » |
| | | | | | | | 535 | » |

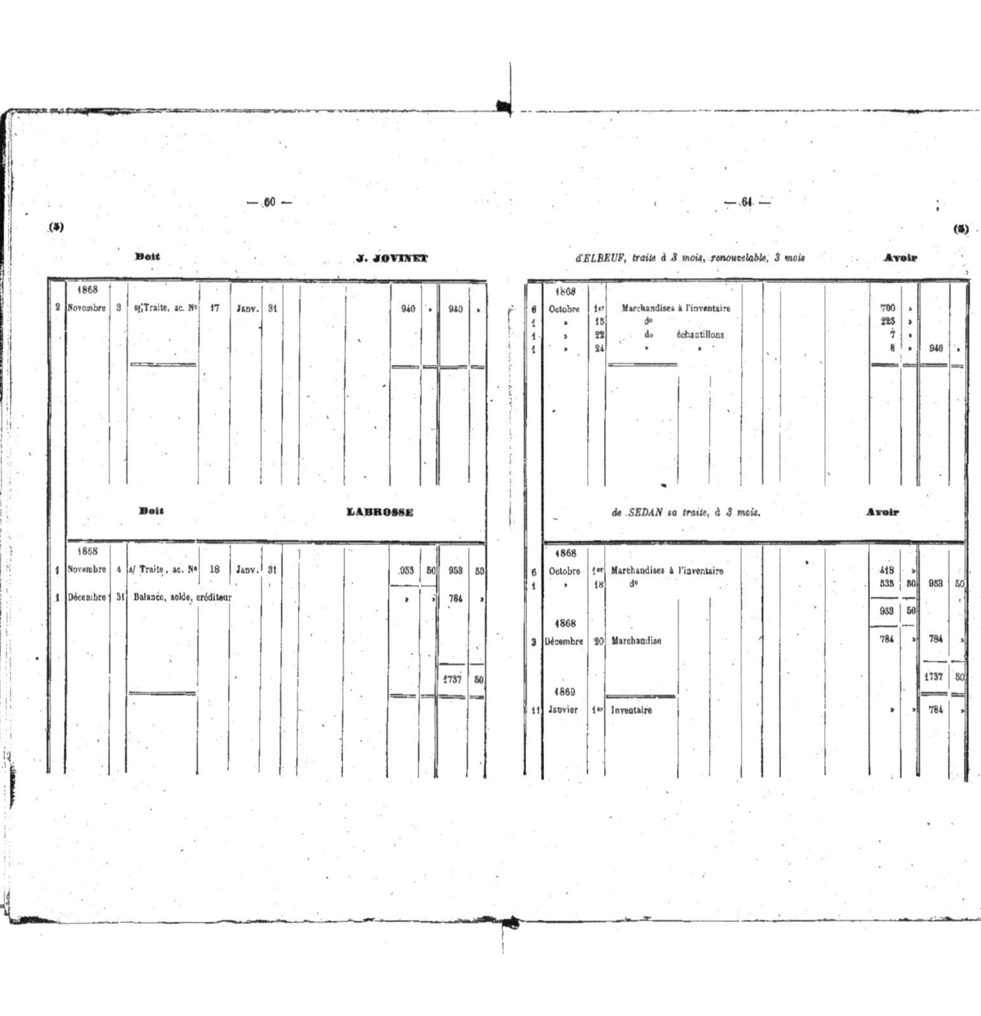

(5)

**Doit** **J. JOVINET** *d'ELBEUF, traite à 3 mois, renouvelable, 3 mois* **Avoir** (5)

| | | | | | | | | | | |
|---|---|---|---|---|---|---|---|---|---|---|
| | 1868 | | | | | | | | | |
| 2 | Novembre | 3 | s/ Traite, ac. N° | 17 | Janv. | 31 | 940 | » | 940 | » |

| | | | | | | | |
|---|---|---|---|---|---|---|---|
| | 1868 | | | | | | |
| 6 | Octobre | 1er | Marchandises à l'inventaire | 700 | » | | |
| 1 | » | 15 | d° | 225 | » | | |
| 1 | » | 22 | d° échantillons | 7 | » | | |
| 1 | » | 24 | » » | 8 | » | 940 | » |

**Doit** **LABROSSE** *de SEDAN sa traite, à 3 mois.* **Avoir**

| | | | | | | | | | | |
|---|---|---|---|---|---|---|---|---|---|---|
| | 1868 | | | | | | | | | |
| 1 | Novembre | 4 | s/ Traite, ac. N° | 18 | Janv. | 31 | 953 | 50 | 953 | 50 |
| 1 | Décembre | 31 | Balance, solde, créditeur | | | | » | » | 784 | » |
| | | | | | | | | | 1737 | 50 |

| | | | | | | | |
|---|---|---|---|---|---|---|---|
| | 1868 | | | | | | |
| 6 | Octobre | 1er | Marchandises à l'inventaire | 418 | » | | |
| 1 | » | 18 | d° | 535 | 50 | 953 | 50 |
| | | | | 953 | 50 | | |
| | 1868 | | | | | | |
| 3 | Décembre | 20 | Marchandise | 784 | » | 784 | » |
| | | | | | | 1737 | 50 |
| | 1869 | | | | | | |
| 11 | Janvier | 1er | Inventaire | » | » | 784 | » |

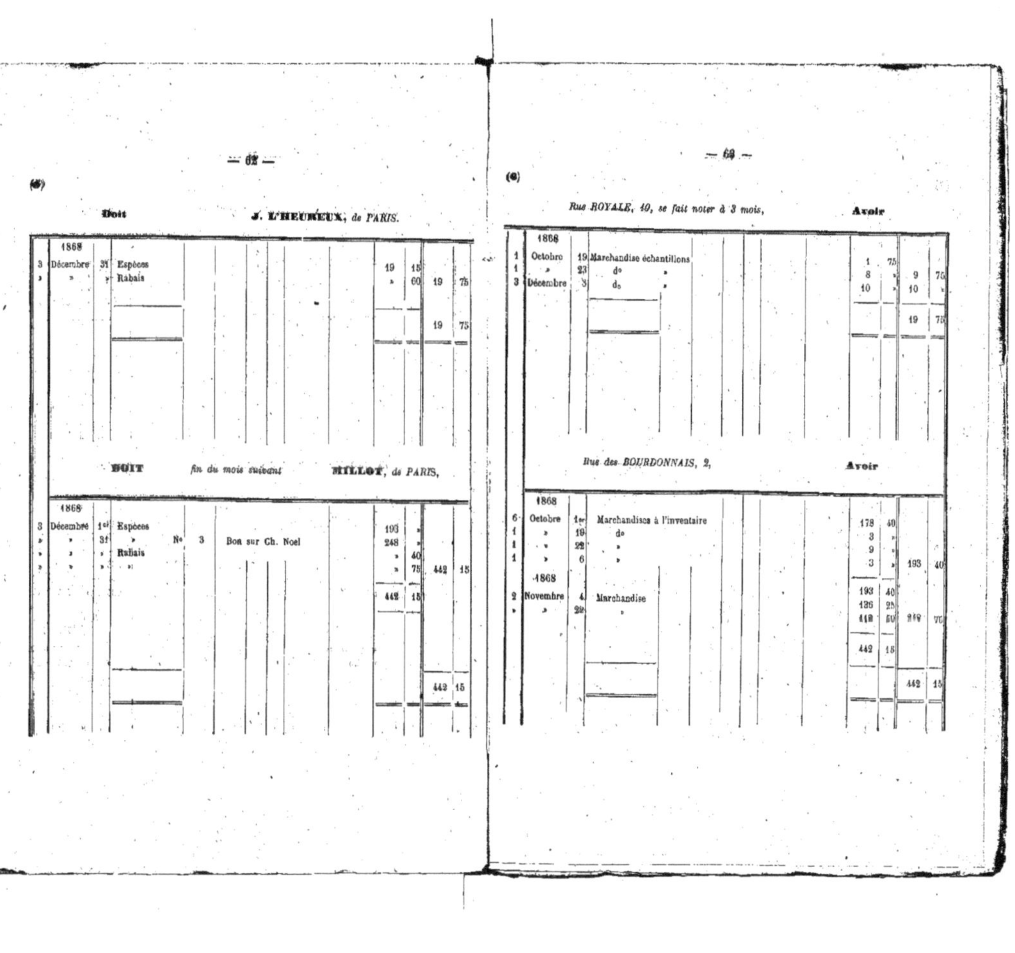



(6)

**Doit** — **J. L'HEUREUX**, *de PARIS*, *Rue ROYALE, 40, se fait noter à 3 mois,* — **Avoir**

| | 1868 | | | | | | | | |
|---|---|---|---|---|---|---|---|---|---|
| 3 | Décembre | 31 | Espèces | | | 19 | 15 | | |
| » | » | » | Rabais | | | » | 60 | 19 | 75 |
| | | | | | | | | 19 | 75 |

| | 1868 | | | | | | |
|---|---|---|---|---|---|---|---|
| 1 | Octobre | 19 | Marchandise échantillons | 1 | 75 | | |
| 1 | » | 23 | d° » | 8 | » | 9 | 75 |
| 3 | Décembre | 3 | d° » | 10 | » | 10 | » |
| | | | | | | 19 | 75 |

**DOIT** *fin du mois suivant* **MILLOT**, *de PARIS*, *Rue des BOURDONNAIS, 2,* — **Avoir**

| | 1868 | | | | | | | | |
|---|---|---|---|---|---|---|---|---|---|
| 3 | Décembre | 1er | Espèces | | | 193 | » | | |
| » | » | 31 | » | N° 3 | Bon sur Ch. Noel | 248 | » | | |
| » | » | » | Rabais | | | » | 40 | | |
| » | » | » | » | | | » | 75 | 442 | 15 |
| | | | | | | 442 | 15 | | |
| | | | | | | | | 442 | 15 |

| | 1868 | | | | | | |
|---|---|---|---|---|---|---|---|
| 6 | Octobre | 1er | Marchandises à l'inventaire | 178 | 40 | | |
| 1 | » | 19 | d° | 3 | » | | |
| 1 | » | 22 | » | 9 | » | | |
| 1 | » | 6 | » | 3 | » | 193 | 40 |
| | 1868 | | | | | | |
| 2 | Novembre | 4 | Marchandise | 193 | 40 | | |
| » | » | 22 | » | 136 | 25 | | |
| | | | | 112 | 50 | 248 | 70 |
| | | | | 442 | 15 | | |
| | | | | | | 442 | 15 |

(7)

**Doit** **Vᵉ MICHAUD,**

| | Mois | Jour | Libellé | | | fr. | c. | fr. | c. |
|---|---|---|---|---|---|---|---|---|---|
| | 1868 | | | | | | | | |
| 2 | Novembre | 5 | Billet à l'encais/ | 3 Nov. | Nc 17 | 3000 | » | | |
| » | » | » | Escompte 2 o/o | sur 313 | 20 | 6 | 25 | 3006 | 25 |
| | | | | | | 3006 | 25 | | |
| | | | | | | | | 3006 | 25 |

**Doit** **MONTAGNAC**

| | Mois | Jour | Libellé | | | | fr. | c. | fr. | c. |
|---|---|---|---|---|---|---|---|---|---|---|
| | 1868 | | | | | | | | | |
| 2 | Novembre | 1er | M/ Billet N° | 15 | Janv. | 31 | 2000 | » | | |
| » | » | » | » » | 16 | » | » | 2422 | » | | |
| » | » | » | Rabais | | | | » | 25 | 4422 | 25 |
| | 1868 | | | | | | 4422 | 25 | | |
| 3 | Décembre | 1er | M/ Billet N° | 25 | Fév. | 28 | 870 | 50 | 870 | 50 |
| | 1868 | | | | | | | | 5292 | 75 |
| 1 | Décembre | 31 | Balance, solde créditeur | | | | » | » | 345 | » |
| | | | | | | | | | 5637 | 75 |



(7)

*de LYON, lui envoyer réglement à 3 mois,* **Avoir**

| | Mois | Jour | Libellé | fr. | c. | fr. | c. |
|---|---|---|---|---|---|---|---|
| | 1868 | | | | | | |
| 1 | Octobre | 19 | Marchandise échantillon | 2 | 25 | | |
| 1 | » | 23 | d° d° | 3 | 95 | 6 | 20 |
| 2 | Novembre | 3 | » » | 306 | » | | |
| 2 | » | 15 | Espèces | 2694 | 05 | 3000 | 05 |
| | | | | 3006 | 25 | 3006 | 25 |

*de MULHOUSE lui envoyer réglement à 3 mois* **Avoir**

| | Mois | Jour | Libellé | fr. | c. | fr. | c. |
|---|---|---|---|---|---|---|---|
| | 1868 | | | | | | |
| 6 | Octobre | 1er | Marchses à l'inventaire | 4000 | » | | |
| 1 | » | 19 | » | 409 | 50 | | |
| 1 | » | 22 | » échantillons | 5 | 50 | | |
| 1 | » | 23 | » » | 7 | 25 | | |
| | | | | 4422 | 25 | 4422 | 25 |
| | 1868 | | | | | | |
| 2 | Novembre | 3 | Marchandise | 440 | » | | |
| » | » | 22 | » | 430 | 50 | | |
| | | | | 870 | 50 | 870 | 50 |
| | 1868 | | | | | | |
| 3 | Décembre | 1er | Marchandise | 345 | » | 345 | » |
| | | | | | | 5637 | 75 |
| | 1869 | | | | | | |
| 11 | Janvier | 1er | Inventaire | » | » | 345 | |

(8)

**Doit** *régler mois suivant à 2 mois* **QUENTIN**, *de PARIS.*

| | 1868 | | | | | | | | | |
|---|---|---|---|---|---|---|---|---|---|---|
| 2 | Novembre | 6 | Billets N° | 4 | Janv. | 31 | 207 | » | 207 | » |
| | | | | | | | | | 207 | » |

**Doit** **TAFFONNEAU**

| | 1868 | | | | | | | | | |
|---|---|---|---|---|---|---|---|---|---|---|
| 3 | Décembre | 1er | s/ Traite, n/ ac. | 24 | Janv. | 31 | 240 | » | 240 | » |



(8)

*Rue St-DENIS, 220,* **Avoir**

| | 1868 | | | | | | |
|---|---|---|---|---|---|---|---|
| 6 | Octobre | 1er | Marchandises à l'inventaire | 200 | » | | |
| 1 | » | 19 | d° échantillons | 1 | 50 | | |
| » | » | 21 | » » | 3 | 25 | 204 | 75 |
| 2 | Novembre | 6 | Intérêts de retard du Bt N° | 2 | 25 | 2 | 25 |
| | | | | 207 | » | | |
| | | | | | | 207 | » |

*de REIMS, s/ traite, à 3 mois.* **Avoir**

| | 1868 | | | | | | |
|---|---|---|---|---|---|---|---|
| 1 | Octobre | 17 | Marchandise | 150 | » | | |
| 1 | Novembre | 18 | » | 90 | » | 240 | » |

# CRÉDITEURS

---

*Le chiffre qui se trouve dans la première colonne de gauche est le folio du livre d'où l'écriture a été extraite.*

*Deux colonnes, à droite, servent à sortir les sommes, l'une pour les détails l'autre pour les totaux. La première sert aussi à arrêter les comptes à volonté sans que la Comptabilité ait à subir les conséquences de ces arrêts fréquents; la seconde, dont les sommes se totalisent pendant toute l'année, aide à la confection de la balance mensuelle ou trimestrielle, du relevé des Débits et des Crédits, et au contrôle des écritures; devant présenter en solde exactement la même somme que celle procurée par les livres commerciaux.*

---

# DÉBITEURS

---

*Les observations faites ci-contre s'appliquent aussi à ce livre dont on peut ne faire qu'un avec l'autre, selon l'urgence. De même ces deux Grands-Livres établis avec un verso pour le Débit un recto pour le Crédit, peuvent l'être avec une seule page pour le Débit et le Crédit. Il ne s'agit que de conserver la réglure indiquée et qui est de toute nécessité, puis de faire confectionner des Grands-Livres beaucoup plus larges que ceux généralement en usage dans les petites maisons de commerce.*

---

(1)

**Doit** **BONNAVENTURE,** *de PARIS,*

| F° | Date | | Libellé | | | | | | | Détail | c. | Total | c. |
|---|---|---|---|---|---|---|---|---|---|---|---|---|---|
| | 1868 | | | | | | | | | | | | |
| 1 | Octobre | 2 | Marchandises | | | | | | | 68 | » | | |
| 2 | » | 11 | » | | | | | | | 1312 | 10 | 1380 | 10 |
| 2 | Novembre | 5 | Espèces | m/ | prêt | | | | | 500 | » | | |
| 2 | » | 30 | Intérets | 1 mois | à 6 o/o | s/ f. | | 500 | | 2 | 50 | 502 | 50 |
| | 1868 | | | | | | | | | 1814 | 60 | | |
| | Décembre | 31 | Espèces, N° | 4 bon | s/ Ch. | Noel | | | | 500 | » | 500 | » |
| | 1869 | | | | | | | | | | | 2382 | 60 |
| | Janvier | | Inventaire | | | | | | | » | » | 500 | » |

**Doit** **BEC**

| F° | Date | | Libellé | | | | | | | Détail | c. | Total | c. |
|---|---|---|---|---|---|---|---|---|---|---|---|---|---|
| | 1868 | | | | | | | | | | | | |
| 2 | Octobre | 11 | Marchandise | | | | | | | 120 | 05 | 120 | 05 |
| 7 | Décembre | 18 | » | | | | | | | 200 | 25 | 200 | 25 |
| | | | | | | | | | | | | 320 | 30 |



(1)

*Rue de CHOISEUL, 10, à 3 mois,* **Avoir**

| F° | Date | | Libellé | Nos | Échéance | | Date de la Remise | | A qui remis | Détail | c. | Total | c. |
|---|---|---|---|---|---|---|---|---|---|---|---|---|---|
| | 1868 | | | | | | | | | | | | |
| 1 | Octobre | 15 | Espèces | | | | | | | 66 | 65 | | |
| 1 | » | » | Escompte | 2 o/o | sur | 68 | » | | | 1 | 35 | 68 | » |
| 2 | Novembre | 5 | Effets à recevoir | 15 | Janv. | 31 | 31 | Décembre | Ch. Noel | 300 | » | | |
| » | » | » | » | 16 | » | » | » | » | » | 205 | » | | |
| » | » | » | » | 17 | » | » | 6 | Novembre | Quentin | 207 | » | | |
| » | » | » | » | 13 | » | 31 | 31 | Décembre | Ch. Noel | 260 | » | | |
| » | » | » | » | 14 | » | 25 | » | » | » | 340 | » | | |
| 2 | » | 30 | Espèces | m/ prêt remboursé | | | | | | 500 | » | | |
| » | » | » | » s/ 500 | intérêts d'un mois 1/2 | | | o/o | | | 2 | 50 | | |
| 2 | » | » | Rabais | | | | | | | » | 10 | 1814 | 60 |
| | | | | | | | | | | 1814 | 60 | | |
| | | | | | | | | | | | | 1882 | 00 |
| 1 | Décembre | 31 | Balance, solde débiteur | | | | | | | » | » | 500 | » |
| | | | | | | | | | | | | 2382 | 60 |

*de MARSEILLE, m/ traite à 3 mois,* **Avoir**

| F° | Date | | Libellé | Nos | Échéance | | Date de la Remise | | A qui remis | Détail | c. | Total | c. |
|---|---|---|---|---|---|---|---|---|---|---|---|---|---|
| | 1868 | | | | | | | | | | | | |
| 2 | Novembre | 5 | Effets à recevoir | 18 | Janv. | 31 | 31 | Décembre | Ch. Noel | 120 | 05 | 120 | 05 |
| 3 | Décembre | 25 | Espèces | | | | | | | 192 | » | | |
| 3 | » | » | Escompte | 4 o/o | sur | 200 | 25 | | | 8 | » | | |
| 3 | » | » | Rabais | | | | | | | » | 25 | 200 | 25 |
| | | | | | | | | | | | | 320 | 30 |

(2)

**Doit** **BESNARD,**

| | 1868 | | | | | | | | | | | |
|---|---|---|---|---|---|---|---|---|---|---|---|---|
| 5 | Novembre | 13 | Marchandise | | | | | | 260 | 30 | | |
| 7 | Décembre | 20 | » | | | | | | 409 | 80 | | |
| 3 | » | 29 | M/ Tte rendue, nº | 12 | Fév. | 28 | en | paiement | 200 | 30 | 930 | 40 |
| | | | | | | | | | | | 930 | 40 |
| | 1869 | | | | | | | | | | | |
| 10 | Janvier | 1er | Inventaire | | | | | | | | 670 | 10 |

**Doit** **CROMBEC,**

| | 1868 | | | | | | | | | | | |
|---|---|---|---|---|---|---|---|---|---|---|---|---|
| 2 | Octobre | 11 | Marchandise | | | | | | 229 | 10 | | |
| 3 | | 25 | » | | | | | | 2382 | 50 | 2611 | 60 |
| | | | | | | | | | 2611 | 60 | | |
| | 1868 | | | | | | | | | | | |
| 2 | Novembre | 16 | Espèces, bon nº | P s/ Ch | Noël | à | s/ | frère | 500 | » | 500 | » |
| 3 | Décembre | 31 | Intérêts | 1 mois à 6 o/o | | s/ | f | 500 » | 2 | 50 | 2 | 50 |
| | | | | | | | | | 502 | 50 | | |
| | | | | | | | | | | | 3114 | 10 |



(2)

*de TOULOUSE, m/ traite, à 1 mois,* **Avoir**

| | 1868 | | | Nos | Échéances | | Date de la remise | | A qui remis | | | | |
|---|---|---|---|---|---|---|---|---|---|---|---|---|---|
| 2 | Décembre | 8 | m/ Traite, ac. nº | 24 | Févr. | 28 | 29 | Décembre | rendue | 260 | 30 | 260 | 30 |
| 1 | » | 31 | Balance, solde | débite | | | | | | » | » | 670 | 10 |
| | | | | | | | | | | | | 930 | 40 |

*du HAVRE, contre remboursement s/ escompte* **Avoir**

| | 1868 | | | | | | |
|---|---|---|---|---|---|---|---|
| 1 | Octobre | 20 | Espèces par le chemin de fer de l'Ouest | 229 | 10 | | |
| 2 | Novembre | 1er | » » » | 2382 | 50 | 2611 | 60 |
| | | | | 2611 | 60 | | |
| | 1868 | | | | | | |
| 3 | Décembre | 25 | Espèces versées par lui | 500 | » | | |
| 3 | | 31 | » pour intérêts, 1 mois, 6 o/o sur f. 500 | 2 | 50 | 502 | 50 |
| | | | | 502 | 50 | | |
| | | | | | | 3114 | 10 |

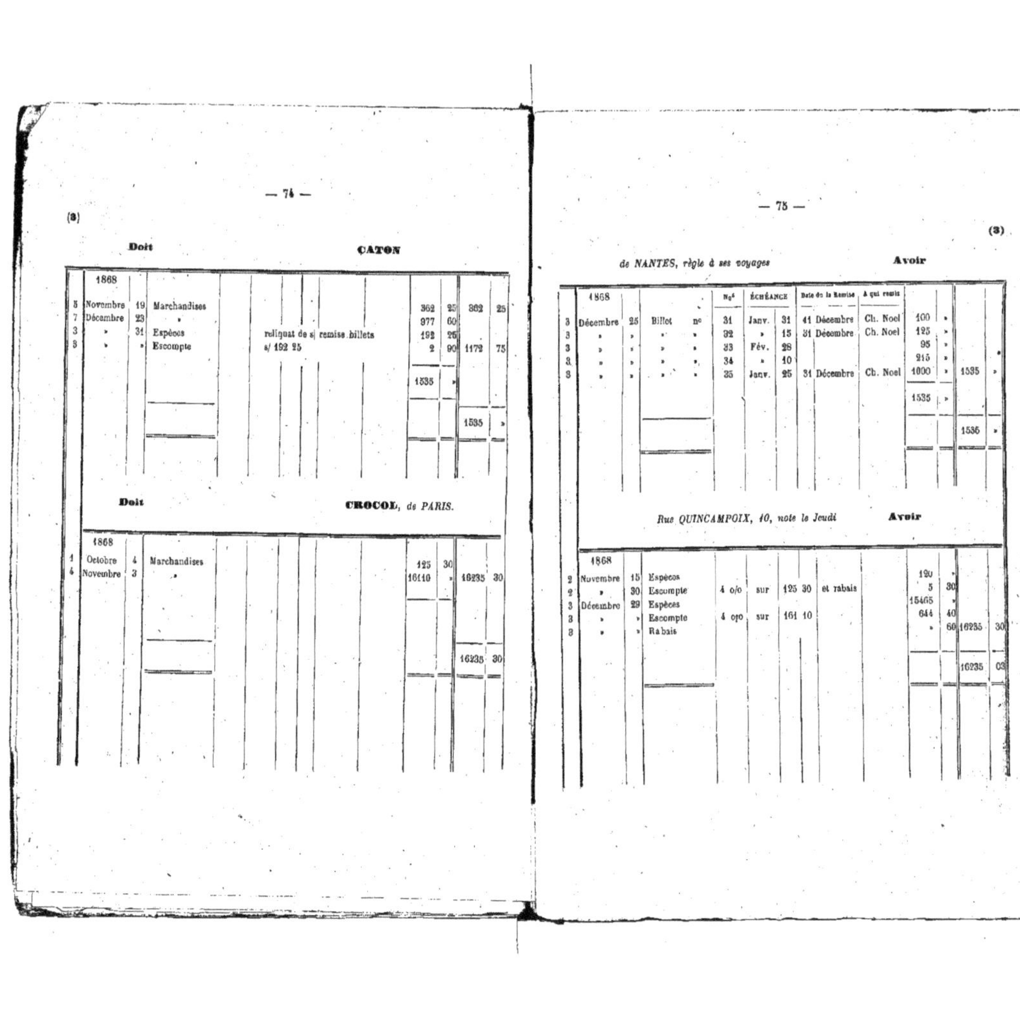



(3)

**Doit** **ÇATON**

| | 1868 | | | | | | | |
|---|---|---|---|---|---|---|---|---|
| 5 | Novembre | 19 | Marchandises | | 362 | 25 | 362 | 25 |
| 7 | Décembre | 23 | » | | 977 | 60 | | |
| 3 | » | 31 | Espèces | reliquat de s/ remise billets | 192 | 25 | | |
| 3 | » | » | Escompte | s/ 192 25 | 2 | 90 | 1172 | 75 |
| | | | | | 1535 | » | | |
| | | | | | | | 1535 | » |

**Doit** **CROCOL**, *de PARIS.*

| | 1868 | | | | | | | |
|---|---|---|---|---|---|---|---|---|
| 1 | Octobre | 4 | Marchandises | | 125 | 30 | | |
| 4 | Novembre | 3 | » | | 16110 | » | 16235 | 30 |
| | | | | | | | 16235 | 30 |



(3)

*de NANTES, règle à ses voyages* **Avoir**

| | 1868 | | | | Nos | Échéance | | Date de la Remise | A qui remis | | | | |
|---|---|---|---|---|---|---|---|---|---|---|---|---|---|
| 3 | Décembre | 25 | Billet | n° | 31 | Janv. | 31 | 11 Décembre | Ch. Noel | 100 | » | | |
| 3 | » | » | » | » | 32 | » | 15 | 31 Décembre | Ch. Noel | 125 | » | | |
| 3 | » | » | » | » | 33 | Fév. | 28 | | | 95 | » | | |
| 3 | » | » | » | » | 34 | » | 10 | | | 215 | » | | |
| 3 | » | » | » | » | 35 | Janv. | 25 | 31 Décembre | Ch. Noel | 1000 | » | 1535 | » |
| | | | | | | | | | | 1535 | » | | |
| | | | | | | | | | | | | 1535 | » |

*Rue QUINCAMPOIX, 10, note le Jeudi* **Avoir**

| | 1868 | | | | | | | | | | |
|---|---|---|---|---|---|---|---|---|---|---|---|
| 2 | Novembre | 15 | Espèces | | | | | 120 | » | | |
| 2 | » | 30 | Escompte | 4 o/o | sur | 125 30 | et rabais | 5 | 30 | | |
| 3 | Décembre | 29 | Espèces | | | | | 15465 | » | | |
| 3 | » | » | Escompte | 4 o/o | sur | 161 10 | | 644 | 40 | | |
| 3 | » | » | Rabais | | | | | » | 60 | 16235 | 30 |
| | | | | | | | | | | 16235 | 03 |

(4)

**Doit** **DÖFLEIN,**

| | 1868 | | | | | | | | | | |
|---|---|---|---|---|---|---|---|---|---|---|---|
| 5 | Novembre | 21 | Marchandise | | | | | 117 | » | 177 | » |
| 7 | Décembre | 25 | » | | | | | 311 | 75 | | |
| 3 | » | 31 | sa Traite m/ accep/ | 27 | Fév. | 28 | couverture d'encais/ | 361 | 25 | 673 | » |
| | | | | | | | | 850 | » | | |
| | | | | | | | | | | 850 | » |



(4)

*de LEIPSIG valeur s/ Paris s/ Escompte 2 et 3 mois,* **Avoir**

| | 1868 | | | | ÉCHÉANCES | | Date de la remise | À qui remis | | | | |
|---|---|---|---|---|---|---|---|---|---|---|---|---|
| 3 | Décembre | 1er | Traite accept. n° | 19 | Févr. | 28 | | | 150 | » | | |
| » | | » | Billet à encaisser | 20 | » | » | | | 200 | » | | |
| » | » | » | » de | 21 | » | » | | | 500 | » | 850 | » |
| | | | | | | | | | 850 | » | | |
| | | | | | | | | | | | 850 | » |

**Doit** **HOFFERT,**

| | 1868 | | | | | | | | | | | |
|---|---|---|---|---|---|---|---|---|---|---|---|---|
| 1 | Octobre | 25 | s/ Traite m/ ac, n° | 12 vue p. espèces à | | | m/ | frère | 303 | » | 303 | » |
| 5 | Novembre | 25 | Marchandise | | | | | | 352 | » | 352 | » |
| | | | | | | | | | | | 655 | » |

*de STRASBOURG, m/ traite, à 3 mois.* **Avoir**

| | 1868 | | | | | | | | | | | |
|---|---|---|---|---|---|---|---|---|---|---|---|---|
| 1 | Octobre | 25 | Espèces | s/ versement | | à | m/ | frère | 300 | » | | |
| 1 | » | » | Change des/ Trait | 13 | à vue | | | | 3 | » | 303 | » |
| 3 | Décembre | 5 | M/ Traite accep n° | 23 | Fév. | 28 | | | 352 | » | 352 | » |
| | | | | | | | | | | | 655 | » |

(5)

**Doit** **HOFFMAN** *de PARIS.*

| Folio | Mois | Jour | Libellé | | | |
|---|---|---|---|---|---|---|
| | 1868 | | | | | |
| 1 | Octobre | 7 | Marchandises | 89 | 60 | 89 | 60 |
| | 1869 | | | | | | |
| 10 | Janvier | 1er | Inventaire | » | » | 89 | 60 |

**Doit** **LÉE** *de PARIS*

| Folio | Mois | Jour | Libellé | | | | |
|---|---|---|---|---|---|---|---|
| | 1868 | | | | | | |
| 1 | Octobre | 9 | Marchandises | 64 | 70 | 64 | 70 |



(5)

*Rue de CHOISEUL, 15, 6 mois s/ escompte* **Avoir**

| Folio | Mois | Jour | Libellé | | | | | | |
|---|---|---|---|---|---|---|---|---|---|
| | 1868 | | | | | | | | |
| 1 | Décembre | 31 | Balance, solde débiteur | | | » | » | 89 | 60 |

*Rue RAMBUTEAU, 7, note le Samedi au comptant 3 o/o* **Avoir**

| Folio | Mois | Jour | Libellé | | | | | | | |
|---|---|---|---|---|---|---|---|---|---|---|
| | 1868 | | | | | | | | | |
| 1 | Octobre | 20 | Espèces | | | | 62 | 75 | | |
| 1 | » | 25 | Escompte | 3 o/o | sur 64 | 70 | 1 | 95 | 64 | 70 |

**Doit** **LENNER** *de Paris.*

| | 1868 | | | | | | |
|---|---|---|---|---|---|---|---|
| 3 | Octobre | 10 | Marchandises | 260 | 40 | 260 | 40 |
| 6 | Décembre | 14 | » | 933 | 45 | 933 | 45 |
| | | | | | | 1193 | 85 |

**Doit** **MARX,**

| | 1868 | | | | | | |
|---|---|---|---|---|---|---|---|
| 5 | Novembre | 30 | Marchandises | 1298 | » | | |
| 6 | Décembre | 12 | » | 897 | 60 | 2195 | 60 |





*Rue LAMARTINE, 18, remets des valeurs à 3 mois* **Avoir**

| | 1868 | | | N^os | ÉCHÉANCE | | Date de la Remise | | A qui remis | | | | |
|---|---|---|---|---|---|---|---|---|---|---|---|---|---|
| 1 | Octobre | 25 | Effets à recevoir | 11 | Janv. | 31 | 31 | Décembre | Ch. Noel | 120 | » | | |
| 1 | » | » | » | 12 | » | 25 | 31 | Décembre | Ch. Noel | 140 | 40 | 260 | 40 |
| 3 | Décembre | 25 | » | 36 | Mars | 31 | | | | 160 | » | | |
| » | » | » | » | 37 | » | 25 | | | | 120 | 85 | | |
| » | » | » | » | 38 | » | 15 | | | | 300 | 35 | | |
| » | » | » | » | 39 | » | 22 | | | | 200 | 25 | | |
| » | » | » | » | 40 | » | 31 | | | | 152 | » | 933 | 45 |
| | | | | | | | | | | | | 1193 | 85 |

*de NANCY, m/ traite, 3 mois de l'accusé de réception des Marchandises* **Avoir**

| | 1868 | | | | | | | | | | | | |
|---|---|---|---|---|---|---|---|---|---|---|---|---|---|
| 3 | Décembre | 5 | m/ Traite, ac. n° | 22 | Mars | 3 | | | | 1298 | 60 | | |
| » | » | 18 | » » | 26 | « | 18 | | | | 897 | » | 2195 | 60 |
| 8 | » | » | Rabais | | | | | | | » | | | |

(7)

**Doit** **MAGNIER**, *de PARIS*

| | 1868 | | | | | | | | | | | |
|---|---|---|---|---|---|---|---|---|---|---|---|---|
| 6 | Décembre | 11 | Marchandises | | | | | | | 352 | 50 | 352 | 50 |

**Doit** **ROWOLD**, *de PARIS.*

| | 1868 | | | | | | | | | | | |
|---|---|---|---|---|---|---|---|---|---|---|---|---|
| 6 | Décembre | 10 | Marchandises | | | | | | | 5340 | 60 | 5540 | 60 |



(7)

*rue CHAUCHAT, 8, comptant, 6 o/o* **Avoir**

| | 1868 | | | | | | | | | | | |
|---|---|---|---|---|---|---|---|---|---|---|---|---|
| 3 | Décembre | 31 | Espèces | | | | | | 331 | » | | |
| » | » | » | Escompte | 6 o/o | s. 352 | 50 | | | 21 | 10 | | |
| » | » | » | Rabais | | | | | | » | 40 | 352 | 50 |

*rue GRENATA, 32,* *Rowold,* *3 mois comptant, 6 o/o* **Avoir**

| | 1868 | | | | Nos | ÉCHÉANCES | | Date de la remise | | A qui remis | | | | |
|---|---|---|---|---|---|---|---|---|---|---|---|---|---|---|
| 3 | Décembre | 15 | Espèces | | | | | | | | 892 | » | | |
| 3 | » | » | Escompte 4 o/o | | | s. 5540 | 60 | | | | 221 | 60 | | |
| 3 | Décembre | 15 | Billets | No | 27 | Déc. | 25 | 20 | Décembre | Ch. Noel | 520 | » | | |
| » | » | » | » | » | 28 | » | 31 | 31 | Décembre | encaissé | 1000 | » | | |
| » | » | » | » | » | 29 | » | » | » | » | » | 2000 | » | | |
| » | » | » | » | » | 30 | » | » | » | » | » | 907 | » | 5540 | 60 |

(8)

**Doit** **ROUSSEAU,** *de Paris.*

| | | | | | | | |
|---|---|---|---|---|---|---|---|
| | 1868 | | | | | | |
| 6 | Décembre | 9 | Marchandises | 4430 | 50 | 4430 | 50 |
| | 1869 | | | | | 4430 | 50 |
| | Janvier | 1er | Inventaire | » | » | 860 | 50 |

**Doit** **TSCHOPICK,** *de PARIS.*

| | | | | | | | |
|---|---|---|---|---|---|---|---|
| | 1868 | | | | | | |
| 6 | Décembre | 7 | Marchandises | 456 | » | 456 | » |



(8)

*Rue de l'ARBRE SEC, 13, paie par à-compte 2 o/o* **Avoir**

| | | | | | | | | | | |
|---|---|---|---|---|---|---|---|---|---|---|
| | 1868 | | | | | | | | | |
| 3 | Décembre | 15 | Espèces | | | | 500 | » | | |
| » | » | » | Escompte | 2 o/o | s. 500 | » | 10 | » | | |
| » | » | 25 | Espèces | | | | 1000 | » | | |
| » | » | » | Escompte | 2 o/o | s. 1000 | » | 20 | » | | |
| » | » | 31 | Espèces | | | | 2000 | » | | |
| » | » | » | Escompte | 2 o/o | s. 2000 | » | 40 | » | 3370 | » |
| | | | | | | | 3370 | » | | |
| 1 | » | » | Balance, solde créditeur | | | | » | » | 860 | 50 |
| | | | | | | | | | 4430 | 50 |

*rue St-SULPICE, 13, s/ Billet 6 mois du jour d'achat s/ escompte* **Avoir**

| | | | | | ÉCHÉANCES | | Date de la remise | A qui remis | | | | |
|---|---|---|---|---|---|---|---|---|---|---|---|---|
| | 1868 | | | | | | | | | | | |
| 3 | Décembre | 18 | Son Billet n° | 25 | Juin. | 8 | | | 456 | » | 456 | » |

**Doit** **Ch. NOEL**, *Banquier, de PARIS*

| | 1868 | | | Nos | Cédants ou payeurs. | VILLES | ÉCHÉANCES | | | | | |
|---|---|---|---|---|---|---|---|---|---|---|---|---|
| 1 | Octobre | 31 | Espèces | | | | | | 14000 | » | 14000 | » |
| 2 | Novembre | 30 | Effets à recev. No | 8 | Nahoel | Lyon | 15 | Décembre | 400 | » | | |
| » | » | » | » » | 9 | Lainé | » | » | » | 450 | 75 | | |
| » | » | » | » » | 10 | Cornet | Bordeaux | » | » | 900 | » | | |
| » | » | » | » » | 11 | Rowold Stern | Paris | 15 | » | 520 | » | 2270 | 75 |
| 3 | Décembre | 31 | » » | 13 | Gond | Bordeaux | 31 | Janvier | 257 | » | | |
| » | » | » | » » | 14 | Crépin | Toulouse | 25 | » | 336 | » | | |
| » | » | » | » » | 15 | Arthur | » | 31 | » | 296 | 40 | | |
| » | » | » | » » | 16 | Bec | Marseille | » | » | 118 | 55 | | |
| » | » | » | » » | 20 | Lapray | Paris | 31 | » | 99 | » | | |
| » | » | » | » » | 21 | Ayala | » | 15 | » | 124 | 70 | | |
| » | » | » | » » | 22 | Mathieu | » | 25 | » | 990 | » | | |
| » | » | » | » » | 23 | Dubois | » | 31 | » | 118 | 80 | | |
| » | » | » | » » | 24 | Hallot | » | 25 | » | 138 | 60 | | |
| » | » | » | » » | 25 | Magnier | » | 31 | » | 203 | 05 | 2682 | 10 |
| | | | | | | | | | 18952 | 85 | 18952 | 85 |
| | 1869 | | | | | | | | | | | |
| 10 | Janvier | 1er | Inventaire | | | | | | | | 10114 | 85 |



*Rue VIVIENNE, 3.* **Avoir**

| | 1868 | | | | | | | | | | |
|---|---|---|---|---|---|---|---|---|---|---|---|
| 2 | Novembre | 16 | M/ Bon No | 1 | O/ Crombec | 16 | Novembre | 500 | » | 500 | » |
| 3 | Décembre | 31 | » » | 2 | » Barbier | 31 | Décembre | 7410 | » | | |
| » | » | » | » » | 3 | » Millot | » | » | 248 | » | | |
| » | » | » | » » | 4 | » Bonnaventure | » | » | 500 | » | | |
| » | » | » | Escompte et Com. | au | 30 Novembre | | | 180 | » | 8338 | » |
| | 1868 | | | | | | | 8838 | » | 8838 | » |
| 1 | Décembre | | Balance, solde débiteur | | | | | » | » | 10114 | 85 |
| | | | | | | | | | | 18952 | 85 |

(10)

**Doit** **A^{te} BEAUCHERY,** *compte*

| | | | | | | | |
|---|---|---|---|---|---|---|---|
| 1 | Octobre | 1er | Son engagement dans le commerce | » | » | 53821 | 15 |
| | | | (C'est par cette écriture portée à l'actif que doit commencer l'établissement du livre de *Capital*, qu'il y ait un ou plusieurs chefs de maison. Il a été opéré autrement ici pour satisfaire à la routine ; mais ce début doit être pris en note pour servir à la pratique à venir. Un négociant doit ce à quoi il s'engage.) | | | | |

**Ernest BEAUCHERY Frères**

| | | | | | | | |
|---|---|---|---|---|---|---|---|
| | 1868 | | | | | | |
| 1 | Octobre | 25 | Espèces à lui versées par Hoffert | 300 | » | 300 | » |

**RENDU Propriétaire** BAIL

| | | | | | | | |
|---|---|---|---|---|---|---|---|
| | 1868 | | | | | | |
| 1 | Octobre | 31 | Espèces (six mois de loyer d'avance) | 2500 | » | 2500 | » |
| | 1869 | | | | | | |
| 10 | Janvier | 1er | Inventaire | » | » | 2500 | » |



(10)

*de Capital* **Avoir**

| | | | | | | | |
|---|---|---|---|---|---|---|---|
| 6 | Octobre | 1er | Excédant de l'actif sur le passif | » | » | 53821 | 15 |
| | | | (Ici doivent se trouver les versements du négociant ou son apport par l'entrée à la caisse, ou à la marchandise, ou ailleurs ; de façon à ce que son engagement soit équilibré.) | | | | |

*à STRASBOURG*

| | | | | | | | |
|---|---|---|---|---|---|---|---|
| | 1868 | | | | | | |
| 2 | Novembre | 15 | Espèces remises par un bon sur la poste | 300 | » | 300 | » |

9 ANS, *Rue CORBEAU, 13,* DERNIER TERME 1er OCTOBRE 1877.

| | | | | | | | |
|---|---|---|---|---|---|---|---|
| | 1868 | | | | | | |
| 1 | Décembre | 31 | Balance, solde débiteur | » | » | 2500 | » |

Deux ou plusieurs comptes ont été classés sur chaque page : la raison est d'obvier à grossir un livre inutilement. Mais il doit être admis en principe qu'un seul compte doit être ouvert sur chaque page, sauf urgence, au Grand-Livre.

Néanmoins il est pratique d'ouvrir un compte de *débiteurs divers* et un de *créditeurs divers*, dans lesquels est essayé le renouvellement des opérations de chacun. Il ne faut y avoir soin que de laisser deux lignes au moins à chacun, et de porter la recette et le paiement en regard.

Si l'on veut utiliser divers procédés en voici deux :

**POUR L'ADDITION PAR LA PROGRESSION**

| | | | | | | | | |
|---|---|---|---|---|---|---|---|---|
| 1869 | | | | | | | | |
| Janvier | 1er | Marchandises | | | 500 | » | | |
| » | 3 | Espèces | 600 | » | 100 | » | | |
| » | 5 | Espèces | 1600 | » | 1000 | » | | |
| » | 10 | Marchandises | 4600 | » | 3000 | » | 4600 | » |
| 1869 | | ET MIEUX | | | | | | |
| Février | 3 | Marchandises | | | 225 | » | | |
| » | 5 | Espèces | | | 300 | » | 525 | » |
| » | 11 | d° | | | 500 | » | 1025 | » |
| » | 20 | Marchandises | | | 900 | » | 1925 | » |

**POUR LA SOUSTRACTION,**
Méthode Hambourgeoise.

| | | | DOIT | | | | AVOIR | | | |
|---|---|---|---|---|---|---|---|---|---|---|
| D. | 500 | » | 500 | » | | | » | » | | |
| D. | 300 | » | 300 | » | 800 | » | » | » | | |
| D. | 800 | » | » | » | | | » | » | | |
| Av. | 900 | » | » | » | | | 900 | » | | |
| Av. | 400 | » | » | » | | | » | » | | |
| Av. | 300 | » | » | » | | | 300 | » | | |
| Av, | 400 | » | » | » | | | 400 | » | | |
| Av. | 800 | » | » | » | | | » | » | 1600 | » |

*Le libellé des opérations se développe à gauche.*
*La dernière somme offre toujours la balance instantanément.*

# LIVRE HORS LA COMPTABILITÉ

**Répertoire du Grand-Livre**

ou

**Folios des Comptes-Courants**

et

**Livre d'Adresses, de Domicile**

et

**Livre de Conditions de paiements**

et

**Livre de Renseignements de solvabilité**

**Division par Créditeurs et Débiteurs**

**Créditeurs**

| | | | | | | | |
|---|---|---|---|---|---|---|---|
| | | | **Ba** | | | | |
| 1 | Barbaroux | Elbeuf<br>fabricant | de drap noir et | couleur | sa traite<br>à | 2 mois<br>1 mois | 13 o/o<br>15 o/o |
| 2 | Bartès | Paris<br>Marchand | rue Vivienne<br>de bonneterie | 5<br>le | m/ réglement<br>mois d'achat | 2 mois<br>compte | 5 o/o |
| 2 | Barbier | Paris<br>mercerie | rue d'Antin | 13 | vient recevoir | 3 mois<br>comptant | 5 o/o<br>5 et 2 |
| 10 | Beauchery | Paris | rue Bichat | 12 | | | |
| | | | **Bi** | | | | |
| | | | **Bo** | | | | |
| 3 | Boistelle | Lyon<br>commis^re | en soierie | | s/ mon avis<br>de réception | 1 mois<br>s/ esc.te 3 | 2 o/o<br>mois |
| 1 | Bouchez | Reims<br>flanelle | en tous genres | valeur | sa traite<br>mois suivant | 3 mois | 15 o/o |
| | | | **Bu** | | | | |



**Créditeurs**

| | | | | | | | |
|---|---|---|---|---|---|---|---|
| | *Ca da*<br>*Ce de*<br>*Ci di*<br>*Co*<br>*Cu* | | | | | | |
| 3 | Doernel | Rouen | cotonnade | | papier s/ s/ place | 2 mois | 15 o/o |
| 4 | Dufour | Paris<br>Fleuriste | Montmartre | 32 | réglement de suite<br>au comptant | 3 mois<br>en plus | 15 o/o<br>3 o/o |
| 4 | Dubour | Paris<br>Cartonnier | Gr. St-Lazare | 17 | vient recevoir<br>sans augmentation | 2 mois<br>d'esc au | 6 o/o<br>compt |
| | « *Il faut appliquer* | *à tous ces* | *noms la divisn* | *ci-* | *contre ainsi que* | *p. ceux* | *ci-dessous* |
| | *Eb ec ed ef el etc.,* | *Fa, fe, fi,* | *fo, fu: Ga, ge,* | *gi,* | *go, gu: Ha, he,* | *hi, ho,* | *hu: I.* |
| | *Ja*<br>*Je*<br>*Ji* | | | | | | |
| 5 | Jovinet | d'Elbeuf<br>Commissre | en draperie | | traite à 3m. renou. | 6 mois | s/ esc. |
| | *Ju*<br>*Ka, ke, ki, ko, ku:* | | | | | | |
| 5 | Labrosse | Sedan | | | sa traite | 3 mois | 15 o/o |
| 6 | L'heureux | Paris | Rue Royale | 10 | se fait noter | 3 mois | 15 o/o |
| | *Li*<br>*Lo*<br>*Lu* | | | | | | |
| | *Ma, me* | | | | | | |
| 6 | Millot | Paris | Bourdonnais | 2 | fin du mois suivt | 1 mois | 4 o/o |
| 7 | Michaud Vve | Lyon | | | lui envoyer régl. | 3 mois | 15 o/o |
| 7 | Montagnac | Mulhouse | | | do | 3 mois | 15 o/o |
| | *Mu, na, ne, ni,* | | | | | | |
| 9 | Noel | Paris | Montmartre | 10 | BANQUIER | Esc. | 100000 f. |
| | *Nu, ob, oc, etc.,* | *Pa, pe, pi,* | *pa, pu. Qa qe,* | *qi,* | *qo. qu: r: s: t. u:* | *v: x: y:* | *z.* |
| 8 | Quentin | Paris | St-Denis | 220 | le régler m. suiv. | 2 mois | 7 o/o |
| 8 | Tafonneau | Reims | | | sa traite | 3 mois | 10 o/o |

**Débiteurs**

| | | | | | | | | | | |
|---|---|---|---|---|---|---|---|---|---|---|
| | | | | *Ab, ac. ad, af,* | *ag, etc.* | | | | | |
| | | | | | | **Ba** | | | | |
| | | | 1 | Bec | Marseille | | | ma traite | 3 mois | 10 o/o |
| | | | | | Marchand | de nouveautés | très | bon (Ch. N) | nº 2 | (s. c.) |
| | | | 2 | Besnard | Toulouse | | | ma traite | 1 mois | 15 o/o |
| | | | | | Tailleur | confectionneur | | paie bien, a | failli en | 1859 |
| | | | 10 | Beauchery | Paris | rue Richat | 12 | son compte de | *Capital* | |
| | | | 10 | Ernest Beauchery | Strasbourg | r. Longchamp | 15 | frère du chef de | maison | |
| | | | | | | **Bi** | | | | |
| | | | | | | **Bo** | | | | |
| | | | 1 | Bonnaventure | Paris | Choiseul | 10 | | 3 mois | s/ esc. |
| | | | | | Tailleur | | | | | |
| | | | | | | **Bu** | | | | |



**Débiteurs**

| | | | | | | | | | | |
|---|---|---|---|---|---|---|---|---|---|---|
| | | | | | **Ca** | | | | | |
| | | | 3 | Caton | Nantes | | | il solde lors de s/ | voyage | |
| | | | | *Ce, ci, etc.* | **Cr** | | | | | |
| | | | 2 | Crombec | Hâvre | | | contre rembours[t] | s/ | esc[te]. |
| | | | 3 | Crocol | Paris | Quincampoix | 10 | note le jeudi | comp. | 4 o/o |
| | | | | *Da, de, di,* | **Do** | | | | | |
| | | | 4 | Doflein | Leipsig | | | valeurs sur Paris | 2 et 3 m | s/ esc. |
| | | | | *Ef, er, es, etc.* | *fa, fe, fi,* | *fo, fu, Ga, ge,* | | | | |
| | | | | *Ha, he, hi* | **Ho** | | | | | |
| | | | 5 | Hoffmann | Paris | Choiseul | 15 | son billet | 6 mois | s/ esc. |
| | | | 4 | Hoffert, G. | Strasbourg | | | ma traite | 3 mois | 2 o/o |
| | | | | *Hu, I, J, K, La,* | **Le** | | | | | |
| | | | 5 | Lee | Paris | Rambuteau | 7 | note le samedi | compt. | 3 o/o |
| | | | 6 | Lenner | Paris | Lamartine | 18 | remets des val[rs] | 3 mois | s/ esc. |
| | | | | *Li, lo, lu* | **Ma** | | | | | |
| | | | 6 | Marx | Nancy | | | ma traite | 3 mois | 4 o/o |
| | | | 7 | Magnier | Paris | Chauchat | 3 | | compt. | 6 o/o |
| | | | | *Me, mi, mo, mu,* | *na, ne, ni,* | *no, nu, o, p,* | *q,* | *ra, re* | | |
| | | | 10 | Rendu | Paris | Corbeau | 13 | propriét[re], bail au | 1er oct. | 1877 |
| | | | | | | *ri, ro,* | | | | |
| | | | 7 | Rowold | Paris | Grenata | 32 | 3 mois s/ escomp. | compt. | 4 o/o |
| | | | 8 | Rousseau | Paris | Arbre-Sec | 13 | paie par à-compte | | 2 o/o |
| | | | | *Ru, sa, se, si, so,* | *su, t, etc.* | | | | | |
| | | | 8 | Tschopick | Paris | St-Sulpice | 13 | son billet | 6 mois | s/ esc. |

« Séparez votre répertoire en deux parties ou en deux livres, l'une »
« pour les débiteurs, l'autre pour les créditeurs; donnez la latitude »
« d'une, deux et même trois pages pour chaque lettre de l'alphabet, »
« selon la fréquence présumée des noms commençant par cette lettre; »
« divisez les pages de chaque lettre alphabétique en autant de parties, »
« qu'il peut y avoir de voyelles ou de consonnes s'accouplant avec ces »
« lettres, ainsi les pages consacrés au B, par exemple, en cinq parties »
« Ba, Be, Bi Bo, Bu, cela facilite les recherches de moitié; accolez »
« le lieu de résidence et l'adresse au nom; joignez-y les conditions »
« générales d'achat et de vente; notez les observations sur la mora- »
« lité et la solvabilité, et alors soyez sans crainte vous avez entre les »
« mains un livre précieux à plus d'un titre, utilisez-le et vous m'en »
« direz le résultat. »

« Si cependant en dehors du bureau, pour les ateliers ou magasin, »
« un livre d'adresses était nécessaire, faite le double de votre réper- »
« toire, moins les conditions de paiement et les observations de sol- »
« vabilité. Maintenant je vous autorise pour toute fantaisie à renverser »
« l'ordre admis ici, et à mettre les folios des comptes à la fin du »
« libellé des noms, adresses et renseignements, au lieu de les laisser »
« au commencement. »

---

# JOURNAL

---

**Balance journalière, mensuelle** ou **trimestrielle**

et

**relevé des débits, des crédits,**

ou

**centralisation des Comptes**

pour compléter la centralisation des journaux de valeurs *personnelles*

à opposer, en solde, à la centralisation des livres

*commerciaux*

ou

journaux de valeurs *commerciales*.

(1)

(1)

**Décembre 1868** **DÉBITEURS**

| | | | | Doit | | Avoir | | Net du Doit | | Net de l'Avoir | | | DATE DE L'ACQUIT | ESCOMPTE | SOMMES |
|---|---|---|---|---|---|---|---|---|---|---|---|---|---|---|---|
| 1 | *Bonnaventure* | 10 | r de Choiseul, Paris | 2382 | 60 | 1882 | 60 | 500 | » | » | » | Ma traite à 3 mois | | | |
| 1 | *Bec* | | de Marseille | 320 | 30 | 320 | 30 | » | » | » | » | | | | |
| 2 | *Besnard* | | de Toulouse | 930 | 40 | 260 | 30 | 670 | 10 | » | » | Ma traite à 1 mois | | | |
| » | *Crombec* | | du Hâvre | 3114 | 10 | 3114 | 10 | » | » | » | » | | | | |
| 3 | *Caton* | | de Nantes | 1535 | » | 1535 | » | » | » | » | » | | | | |
| » | *Crocel* | 10 | r Quincampoix, Paris | 16235 | 30 | 16235 | 30 | » | » | » | » | | | | |
| 4 | *Doflein* | | de Leipzig | 850 | » | 850 | » | » | » | » | » | | | | |
| » | *Hoffert* | | de Strasbourg | 655 | » | 655 | » | » | » | » | » | | | | |
| 5 | *Hoffmann* | 15 | r' de Choiseul, Paris | 89 | 60 | » | » | 89 | 60 | » | » | Paie à 6 mois sans esc^te (facture d'Octob) | | | |
| » | *Lés* | 7 | r. Rambuteau, Paris | 64 | 70 | 64 | 70 | » | » | » | » | | | | |
| 6 | *Lenner* | 18 | r. Lamartine, Paris | 1193 | 85 | 1193 | 85 | » | » | » | » | | | | |
| » | *Marx* | | de Nancy | 2195 | 60 | 2195 | 60 | » | » | » | » | | | | |
| 7 | *Magnier* | 3 | r. Chauchat, Paris | 352 | 50 | 352 | 50 | » | » | » | » | | | | |
| » | *Rowold* | 32 | rue Grenata d° | 5540 | 60 | 5540 | 60 | » | » | » | » | | | | |
| 8 | *Rousseau* | 13 | rue Arbre-Sec d° | 4430 | 50 | 3570 | » | 860 | 50 | » | » | Paie par à-c^te, 2 o/o Esc^te (f^re de Déc^bre) | | | |
| » | *Tschopick* | 13 | r. St-Sulpice d° | 456 | » | 456 | » | » | » | » | » | | | | |
| 9 | *Ch. Noël* | | | 18952 | 85 | 8838 | » | 10114 | 85 | » | » | Banquier | | | |
| » | *Ern. Beauchery* | | | 300 | » | 300 | » | » | » | » | » | | | | |
| » | *Rendu* | 13 | rue Corbeau, Paris | 2500 | » | » | » | 2500 | » | » | » | Propriétaire | | | |
| | | | J.l Centralisateur f° 1. | 62068 | 90 | 47363 | 85 | 14735 | 05 | » | » | Net des débiteurs. . . 14735,05 | | | |
| | | | | | | | | | | | | Net des créditeurs . . 901 95 | | | |
| | | | | | | | | | | | | à recevoir. . 13833 10 | | | |

**Décembre 1868** **CRÉDITEURS**

| | | | | Débit | | Crédit | | Net des débits | | Net des crédits | | | DATE DE L'ACQUIT. | ESCOMPTE | SOMMES |
|---|---|---|---|---|---|---|---|---|---|---|---|---|---|---|---|
| 1 | *Barbaroux* | | de Reims | 3658 | » | 4056 | 50 | » | » | 398 | 50 | Ma traite à 2 mois, 2 o/o esc. à 1 mois | | | |
| » | *Bouchez* | | d'Elbeuf | 749 | 25 | 749 | 25 | » | » | » | » | | | | |
| 2 | *Bart's* | 5 | rue Vivienne, Paris | 2191 | » | 2191 | » | » | » | » | » | | | | |
| » | *Barbier* | 13 | d° d° | 7410 | » | 7410 | » | » | » | » | » | | | | |
| 3 | *Boistelle* | | de Lyon | 1730 | » | 1800 | » | » | » | 130 | » | Sa traite à 1 m. s/ mon avis de réception | | | |
| » | *Doehnel* | | de Rouen | 900 | 50 | 144 | 95 | 755 | 55 | » | » | A me couvrir par sa facture, ou ma traite | | | |
| 4 | *Dufour* | 32 | r. Montmartre, Paris | 65 | » | 65 | » | » | » | » | » | | | | |
| » | *Dubour* | 17 | Gren. St-Lazare d° | 535 | » | 535 | » | » | » | » | » | | | | |
| 5 | *J. Jovinet* | | d'Elbeuf | 940 | » | 940 | » | » | » | » | » | | | | |
| » | *Labrasse* | | de Sedan | 953 | 50 | 1737 | 50 | » | » | 784 | » | Sa traite à 3 mois | | | |
| 6 | *J. L'heureux* | 10 | rue Royale, Paris | 19 | 75 | 19 | 75 | » | » | » | » | | | | |
| » | *Millot* | 2 | r. des Bourbons d° | 442 | 15 | 442 | 15 | » | » | » | » | | | | |
| 7 | *Vve Michaud* | | de Lyon | 3006 | 25 | 3006 | 25 | » | » | » | » | | | | |
| » | *Montagnac* | | de Mulhouse | 5292 | 75 | 5637 | 75 | » | » | 345 | » | Lui envoyer mon réglement à 3 mois | | | |
| 8 | *Quentin* | 220 | rue St-Denis, Paris | 207 | » | 207 | » | » | » | » | » | | | | |
| » | *Taffonneau* | | de Reims | 240 | » | 240 | » | » | » | » | » | | | | |
| | | | | 28340 | 15 | 29242 | 10 | 755 | 55 | 1657 | 50 | NET DES CRÉDITEURS, F. 901.95 | | | |
| | | | | | | | | | | | | NET DES DÉBITEURS. 14735.05 | | | |
| | | | Moins porté de l'inventaire | » | » | 17496 | 20 | | | | | 13833.10 | | | |
| | | | Journal centralisateur f° 1 | 28340 | 15 | 11745 | 90 | | | | | | | | |

La série des livres servant à composer une comptabilité se trouve close : le commerce et le commerçant sont représentés.

Le *Commerce*? Livre d'Achats et de Ventes,
Livre d'Effets à Recevoir,
Livre de Caisse (contenant les Frais Généraux),
Livre d'Effets à Payer,
Puis le livre particulier de Mobilier,
Le *Commerçant*? Livre d'Inventaire,
Livre de Balance ou résumé du Grand-Livre.
des comptes Créditeurs et Débiteurs.
Les Escomptes et Intérêts, qui, comme les Frais Généraux, doivent avoir un livre spécial dans toute maison importante.

Il n'y a plus qu'à centraliser les opérations que représentent ces livres, journellement, mensuellement ou trimestriellement. — C'est ce qui va être fait ci-joint, trimestriellement comme modèle. —Du reste, quant au vœu *journalier* de la loi à satisfaire, chaque livre devenant un *Journal* ce vœu est rempli, dépassé, les opérations étant transcrites à la minute même ou elles s'effectuent.

## (1) CENTRALISATION DES JOURNAUX DE VALEURS PERSONNELLES

| | — SUJET — | | — NÉCESSITÉ — | | — MOYENS — | | | | | |
|---|---|---|---|---|---|---|---|---|---|---|
| 1868 | Capital | | Escompte | | Débiteurs divers | | Créditeurs divers | | Total | Total |
| | Sortie | Entrée | Sortie | Entrée | Sorties ou Doit | Entrées ou Avoir | Sorties ou Doit | Entrées ou Avoir | des entrées | des sorties |
| *Inventaire* | 21872 95 | 77694 10 | » » | » » | » » | » » | » » | 17496 20 | 21872 95 | 95190 30 |
| *Octobre* | » » | » » | 7 55 | 72 90 | » » | » » | » » | » » | 7 55 | 72 90 |
| *Novembre* | » » | » » | 7 65 | 17 75 | » » | » » | » » | » » | 7 65 | 17 75 |
| *Décembre* | » » | » » | 1178 35 | 10 25 | 62098 90 | 47363 85 | 28340 15 | 11745 90 | 91617 40 | 59120 » |
| | 21872 95 | 77694 10 | 1193 55 | 100 90 | 62098 90 | 47363 85 | 28340 15 | 29242 10 | 113505 55 | 154400 95 |
| Report de l'Escompte | 1092 65 | » » | Escompte | 1092 65 | Débiteurs | 14735 05 | 901 95 | Créditeurs | 40895 40 | Balance |
| Report du folio 101 Bénéfice | » » | 2485 55 | 1193 55 | 1193 55 | 62098 90 | 62098 90 | 29242 10 | 29242 10 | 154400 95 | 154400 95 |
| | | | Pris sur les livres de Caisse et d'Effets | | (obtenu par la balance des comptes | | du Grand-Livre) | | | |
| | 22965 60 | 80179 65 | | | | | | | | |
| *Net* | 57214 05 | *Capital* à | nouveau, | 57214 05 : | *Capital* ancien | 55821 15 : | Bénéfice *net* | 1392 90 | | |
| | 80179 65 | 80179 65 | | | | | | | | |

## BALANCE AU 31 DÉCEMBRE 1868

| | Sortie | Entrée | Net de la sortie | Net de l'entrée |
|---|---|---|---|---|
| Capital | 21872 95 | 77694 10 | » » | 55821 15 |
| Escompte | 1193 55 | 100 90 | 1092 65 | » » |
| Débiteurs divers | 62098 90 | 47363 85 | 14735 05 | » » |
| Créditeurs divers | 28340 15 | 29242 10 | » » | 901 95 |
| | 113505 55 | 154400 95 | 15827 70 | 56723 10 |
| | 40895 40 | Balance | 40895 40 | Balance *égale à celle commerciale obtenue ci-après.* |
| | 154400 95 | 154400 95 | 56723 10 | 56723 10 |

*(Cette centralisation et celle ci-après ne doivent ensemble ne former qu'un livre.)*

# CENTRALISATION DES JOURNAUX DE VALEURS COMMERCIALES (1)

| 1868 | — OBJET — Marchandises: Entrées | Marchandises: Sorties | — NÉCESSITÉ — Frais généraux: Entrées | Frais généraux: Sorties | — MOYENS — Effets à recevoir: Entrées | Effets à recevoir: Sorties | Espèces: Entrées | Espèces: Sorties | — MOYENS — Effets à payer: Entrées | Effets à payer: Sorties | Mobilier industriel: Entrées | Mobilier industriel: Sorties | Total des entrées | Total des sorties |
|---|---|---|---|---|---|---|---|---|---|---|---|---|---|---|
| *Inventaire* | 40851 85 | » » | » » | » » | 12676 25 | » » | 20000 » | » | » » | 4376 75 | 4166 » | » » | 77694 10 | 4376 75 |
| *Octobre* | 4774 15 | 6252 » | 2150 35 | » » | 260 40 | 1500 » | 2257 50 | 22233 35 | 2940 » | 4099 60 | 308 » | » » | 12090 40 | 34084 95 |
| *Novembre* | 2605 80 | 18559 53 | 400 35 | » » | 1432 05 | 11903 25 | 11524 05 | 5081 45 | 3436 10 | 8995 55 | » » | » » | 19398 35 | 44539 80 |
| *Décembre* | 1921 25 | 14662 05 | 1582 » | » » | 11008 95 | 6877 75 | 33096 45 | 14140 80 | 3830 25 | 1644 25 | » » | » » | 51438 90 | 37324 85 |
| | 50153 05 | 39473 60 | 4132 70 | » » | 25377 65 | 20281 » | 66878 » | 41455 60 | 10206 35 | 19116 15 | 4474 » | » » | 161221 75 | 120326 35 |
| Report Frais généraux | 4132 70 | » » | Frais Généraux | 4132 70 | Effets en portefeuille | 5096 45 | Espèces en caisse | 25422 40 | 8909 80 | Effets à payer | Mobilier indust. | 4474 » | Balance | 40895 40 |
| Marchandises à l'inventaire | | 17297 70 | | | | | | | | | | | | |
| | | | 4132 70 | 4132 70 | 25377 45 | 25377 45 | 66878 » | 66878 » | 19116 15 | 19116 15 | 4474 » | 4474 » | 161221 75 | 161221 75 |
| | 54285 75 | 56771 30 | (pris sur le | livre de caisse) | (sur le livre | d'effets) | (sur le livre | de caisse) | (sur le livre | d'effets) | (sur le livre | de mobil. | | |
| BÉNÉFICE | 2485 55 | » » | 2485 55 | BÉNÉFICE NET | DU COMMERCE | *reporté* | *ci-contre* | *f° 105* | *au Capital* | | | | | |
| | 56771 30 | 56771 30 | | | | | | | | | | | | |

## BALANCE AU 31 DÉCEMBRE 1868

| | Entrée | Sortie | Net de l'entrée | Net de la sortie |
|---|---|---|---|---|
| Marchandises | 50153 05 | 39473 60 | 10679 45 | » » |
| Frais Généraux | 4132 70 | » » | 4132 70 | » » |
| Effets à recevoir | 25377 65 | 20281 » | 5096 65 | » » |
| Espèces | 66878 » | 41455 60 | 25422 40 | » » |
| Effets à payer | 10206 35 | 19116 15 | » » | 8909 80 |
| Mobilier | 4474 » | » » | 4474 » | » » |
| | 161221 75 | 120326 35 | 49805 20 | 8909 80 |
| | Balance | 40895 40 | Balance | 40896 40 |
| | 161221 75 | 161221 75 | 49805 20 | 49805 20 |

Egale à celle personnelle obtenue page 103.

*Cette centralisation et celle ci-avant ne doivent ensemble ne former qu'un livre.*

# LIVRE HORS LA COMPTABILITÉ

## REGISTRE AUXILIAIRE AU NÉGOCIANT

---

**Livre d'entrée et de sortie de marchandise**

ou

**de numéros d'ordre**

ou

**existence particulière de chaque article**

**contrôle**

---

Ce livre s'établit à l'aide des factures des vendeurs, pour l'entrée, au moyen du livre de vente, pour la sortie; en ayant soin de retrancher l'Escompte commercial, non celui de paiement. — Au sujet de l'escompte, il faut distinguer celui qui est toujours acquis *quelle que soit l'époque du paiement* et qui n'est qu'un rabais, de celui accordé pour l'avanee de paiement, en opposition à l'intérêt, qui est dû pour retard.

(1)

| FOLIO du CRÉDIT | | DATES D'ENTRÉE | | NOM du VENDEUR | VILLE | Nos du VENDEUR | Escompte | DÉSIGNATION DE LA MARCHse OU PLACEMENT D'UN ÉCHANTon | No D'ORDRE | QUANTITÉ | |
|---|---|---|---|---|---|---|---|---|---|---|---|
| Inventaire | | 1868 | | | | | | | | | |
| » | 1 | Octob. | 1er | Bouchez | Reims | 1001 | 15 o/o | Laine douce | 1 | 25 | » |
| » | 1 | » | » | Barbaroux | Elbeuf | 1902 | 13 o/o | Drap noir | 2 | 25 | » |
| » | 1 | » | » | Bouchez | Reims | 1403 | 15 o/o | Pantalons d'été. carreau | 3 | 13 | » |
| » | 1 | » | » | do | do | 1334 | » | do | 4 | 15 | » |
| » | 1 | » | » | Montagnac | Mulhouse | 525 | 15 o/o | Velours de laine, marron | 5 | 50 | » |
| » | 1 | » | » | Barbaroux | Elbeuf | 1936 | 13 o/o | Zéphir bleu de roi | 6 | 20 | » |
| » | 1 | » | » | Taffonneau | Reims | 9097 | 10 o/o | Fantaisie d'été, L. et coton | 7 | 18 | » |
| » | 1 | » | » | Jovinet | Elbeuf | 608 | s/ esc. | Zéphir grenat | 8 | 60 | » |
| » | 1 | » | » | do | do | 609 | » | » vert russe | 9 | 30 | » |
| » | 1 | » | » | do | do | 610 | » | » bronze | 10 | 15 | » |
| » | 1 | » | » | do | do | 611 | » | » bleu de roi | 11 | 20 | » |
| » | 1 | » | » | Labrosse | Sedan | 9912 | 15 o/o | Drap noir | 12 | 19 | » |
| » | 1 | » | » | Montagnac | Mulhouse | 513 | 15 o/o | Velours de laine gris clair | 13 | 22 | » |
| » | 1 | » | » | Millot | Paris | 323 | 4 o/o | Serge noire | 14 | 33 | » |
| » | 1 | » | » | Jovinet | Elbeuf | 612 | s/ esc. | Mérinos double noir | 15 | 35 | » |
| » | 1 | » | » | do | do | 613 | » | do bleu de roi | 16 | 25 | » |
| » | 1 | » | » | do | do | 614 | » | Satin de laine 5/8 noir | 17 | 40 | » |
| » | 1 | » | » | do | do | 615 | » | Grain de poudre noir | 18 | 42 | » |
| » | 1 | » | » | Bouchez | Reims | 1345 | 15 o/o | Fantaisie d'été, n. et b. | 19 | 39 | » |
| » | 1 | » | » | Quentin | Paris | 500 | 7 o/o | Panne jonquille | 20 | 55 | » |
| » | 1 | » | » | do | do | 520 | » | do orange | 21 | 44 | » |
| » | 1 | » | » | Barbaroux | Elbeuf | 2001 | 13 o/o | Satin de laine noir | 22 | 37 | » |
| » | 1 | » | » | Bouchez | Reims | 1407 | 15 o/o | Écossais v. et bleu. châles | 23 | 40 | » |
| » | 1 | » | » | Boistelle | Lyon | 724 | s/ esc. | Velours noir soie et coton | 24 | 25 | » |
| » | 1 | » | » | do | do | 725 | » | do » | 25 | 23 | » |
| » | 1 | » | » | do | do | 726 | » | do » | 26 | 22 | » |
| » | 1 | » | » | do | do | 727 | » | do » | 27 | 17 | » |
| » | 2 | » | » | do | do | 728 | » | do tout soie | 28 | 22 | » |
| » | 2 | » | » | do | do | 729 | » | do » | 29 | 22 | 50 |
| » | 2 | » | » | do | do | 730 | » | do » | 30 | 21 | 25 |
| » | | » | » | do | d | 731 | » | do » | 31 | 23 | » |



(1)

**Entrée**

| PRIX COUTANT | | SOMME TOTALE DE L'ENTRÉE | |
|---|---|---|---|
| 3 | 75 | 93 | 75 |
| 15 | » | 375 | » |
| 7 | 50 | 97 | 50 |
| 6 | 25 | 93 | 75 |
| 20 | » | 1000 | » |
| 13 | » | 260 | » |
| 2 | 75 | 49 | 50 |
| 6 | 50 | 300 | » |
| 6 | » | 180 | » |
| 8 | » | 120 | » |
| 7 | 50 | 150 | » |
| 22 | » | 418 | » |
| 17 | 75 | 390 | 50 |
| 5 | 40 | 178 | 20 |
| 12 | » | 420 | » |
| 12 | 30 | 315 | 50 |
| 4 | 25 | 73 | 95 |
| 3 | » | 126 | » |
| 9 | » | 351 | » |
| 5 | » | 275 | » |
| 5 | 25 | 231 | » |
| 19 | 50 | 721 | 50 |
| 11 | 25 | 450 | 00 |
| 11 | » | 275 | » |
| 12 | 75 | 293 | 25 |
| 16 | » | 352 | » |
| 13 | » | 221 | » |
| 21 | 10 | 564 | 20 |
| 23 | » | 497 | 50 |
| 20 | » | 425 | 00 |
| 25 | » | 575 | » |

*Après le mois il faut, à la sortie, le nom de l'acheteur et la ville.*

**Sortie**

| Folio du Débit | DATE de la SORTIE | | QUANTITÉ | | PRIX de L'ACHAT | | TOTAL DE L'ACHAT | | PRIX de VENTE | | TOTAL DE LA VENTE | |
|---|---|---|---|---|---|---|---|---|---|---|---|---|
| 2 | 11 | Octob. | 25 | » | 3 | 75 | 93 | 75 | 4 | 45 | 111 | 25 |
| 2 | » | » | 25 | » | 15 | » | 375 | » | 18 | » | 450 | » |
| 3 | 25 | » | 13 | » | 7 | 50 | 97 | 50 | 8 | » | 104 | » |
| 3 | » | » | 15 | » | 6 | 25 | 93 | 75 | 7 | » | 105 | » |
| 2 | 11 | Octob. | 50 | » | 20 | » | 1000 | » | 25 | » | 1250 | » |
| 2 | » | » | 20 | » | 13 | » | 260 | » | 16 | » | 320 | » |
| 2 | » | » | 18 | » | 2 | 75 | 49 | 50 | 3 | 45 | 62 | 10 |
| 3 | 25 | » | 60 | » | 6 | 50 | 390 | » | 7 | » | 420 | » |
| 3 | » | » | 30 | » | 6 | » | 180 | » | 8 | » | 240 | » |
| 2 | 11 | Octob. | 15 | » | 8 | » | 120 | » | 9 | 65 | 144 | 75 |
| 3 | 25 | » | 20 | » | 7 | 50 | 150 | » | 9 | » | 180 | » |
| 3 | 25 | Octob. | 19 | 00 | 25 | » | 418 | » | 27 | » | 513 | » |
| 3 | » | » | 22 | » | 17 | 75 | 390 | 50 | 21 | » | 462 | » |
| 3 | 25 | Octob. | 33 | » | 5 | 40 | 178 | 20 | 6 | 50 | 214 | 50 |

(9)

**Entrée**

| FOLIO du CRÉDIT | DATES D'ENTRÉE | | NOM, N°, MÉTRAGE, CONDITION, PRIX, TOTAL | Numéro d'ordre ou d'entrée | DÉSIGNATION DE L'ARTICLE OU ÉCHANTILLON | Folio du débit | DATES DE LA SORTIE | | QUANTITÉ | |
|---|---|---|---|---|---|---|---|---|---|---|
| Invent.<br>2 | 1868<br>Octob. | 1er | Bouchez, Reims<br>1335 24 50<br>15 o/o. 4 50 f 110 25 | 32 | Fantaisie d'été, rayée | 1<br>1<br>1 | 2<br>4<br>» | 1868<br>Octobre<br>»<br>»<br>Reporté | 3<br>3<br>3<br>10 | 50<br>50<br>50<br>50 |
| do<br>2 | Octob. | 1er | Bouchez, Reims<br>1404 13m<br>15 o/o. 7.50 f 97.50 | 33 | Fantaisie d'été, à carreaux | 2<br>» | 11<br>» | Octobre<br>»<br>Total | 6<br>6<br>13 | 50<br>50<br>» |
| do<br>2 | Octob. | 1er | Bouchez, Reims<br>1403 15m<br>15 o/o. 6.25 f. 93 70 | 34 | Fantaisie d'été, unie grise | 2<br>» | 11<br>» | Octobre<br>»<br>Total | 7<br>7<br>15 | 50<br>50<br>» |
| do<br>2 | Octob. | 1er | do<br>1406 24 »<br>» 7 » f 168 » | 35 | Flanelle rouge et bleue | 1<br>1<br>1 | 2<br>4<br>» | Octobre<br>»<br>»<br>Reporté | 1<br>2<br>1<br>4 | 25<br>50<br>15<br>90 |
| do<br>2 | Octob. | 1er | do<br>1407 25 »<br>» f 5 » f 125 » | 36 | do | 1<br>1<br>1 | 2<br>4<br>7 | Octobre<br>»<br>»<br>Reporté | 5<br>3<br>7<br>15 | »<br>»<br>»<br>» |
| do<br>2 | Octob. | 1er | do<br>1408 22 25<br>» 4.50 f 100 10 | 37 | do | 1<br>1<br>1 | 2<br>4<br>» | Octobre<br>»<br>»<br>Reporté | 1<br>3<br>1<br>6 | 50<br>25<br>50<br>25 |
| do<br>2 | Octob. | 1er | Jovinet, Elbeuf<br>616 60m<br>s/ Esc. 6.50 f 390 » | 38 | Amazone grenat | 2<br>3 | 11<br>15 | Octobre<br>»<br>Total | 30<br>30<br>60 | »<br>»<br>» |
| do<br>2 | Octob. | 1er | Jovinet, Elbeuf<br>617 30m<br>s/ Esc. f 6 » f 180 » | 39 | Amazone vert russe | 2<br>3 | 11<br>15 | Octobre<br>»<br>Total | 15<br>15<br>30 | »<br>»<br>» |



(9)

**Sortie** *(Marchandises sortant par fraction d'article).*

| PRIX | TOTAL | Folio du débit | DATE de la SORTIE | | QUANTITÉ | PRIX | TOTAL | Folio du débit | DATE de la SORTIE | | QUANTITÉ | PRIX | TOTAL | |
|---|---|---|---|---|---|---|---|---|---|---|---|---|---|---|
| 5 20<br>5 10<br>5 10<br>reporté | 18 20<br>17 85<br>17 85<br>f. 53 90 | 1<br>1<br>3 | 7<br>9<br>19 | Report<br>Octob.<br>»<br>»<br>reporté | 10 50<br>3 50<br>3 50<br>3 50<br>21 » | Report<br>5 30<br>5 »<br>5 25<br>reporté | 53 90<br>18 55<br>17 50<br>18 35<br>108 30 | 3 | 19 | Report<br>Octob.<br>Total | 21 »<br>3 50<br>24 50 | Report<br>5 25<br>Total<br>Bénéf. | 108 30<br>18 35<br>f. 125 65<br>f. 16 40 | |
| 9 »<br>10 »<br>Total<br>Bénéf. | 58 50<br>58 50<br>117 »<br>19 50 | | | | | | | | | | | | | |
| 7 55<br>8 60<br>Total<br>Bénéf. | 56 60<br>58 10<br>114 70<br>21 » | | | | | | | | | | | | | |
| 8 25<br>8 20<br>8 20<br>reporté | 10 30<br>20 50<br>9 45<br>40 25 | 1<br>1<br>3 | 7<br>9<br>19 | Report<br>Octob.<br>»<br>»<br>reporté | 4 30<br>2 10<br>3 »<br>2 50<br>12 50 | Report<br>8 50<br>8 25<br>8 50<br>reporté | 40 25<br>17 85<br>24 75<br>21 25<br>104 10 | 3<br>»<br>» | 19<br>»<br>» | Report<br>Octob.<br>»<br>»<br>Total | 12 50<br>7 »<br>2 »<br>2 50<br>24 » | Report<br>8 50<br>8 50<br>8 50<br>Total | 104 10<br>59 50<br>17 »<br>21 25<br>201 25 | Bén. f. 33 85 |
| 6 25<br>6 15<br>6 40<br>reporté | 31 24<br>18 45<br>44 80<br>94 50 | 1<br>1<br>3 | 9<br>4<br>19 | Report<br>Octob.<br>»<br>»<br>reporté | 15 »<br>1 50<br>2 50<br>3 »<br>22 » | Report<br>6 »<br>6 15<br>6 20<br>reporté | 94 55<br>9 »<br>15 35<br>18 60<br>f. 137 45 | 3<br>»<br>» | 19 | Report<br>Octob.<br>Total | 22 »<br>3 »<br>25 » | Report<br>6 20<br>Total<br>Bénéf. | 137 45<br>18 60<br>158 05<br>31 05 | |
| 5 50<br>5 45<br>5 45<br>reporté | 8 25<br>17 70<br>8 15<br>34 10 | 1<br>1<br>3 | 7<br>9<br>10 | Report<br>Octob.<br>»<br>»<br>reporté | 6 25<br>1 50<br>2 45<br>1 55<br>11 75 | Report<br>5 60<br>5 60<br>5 60<br>reporté | 34 10<br>8 40<br>13 45<br>8 70<br>64 65 | 3<br>»<br>» | 19<br>»<br>» | Report<br>Octob.<br>»<br>»<br>Total | 11 75<br>1 50<br>2 »<br>7 »<br>22 25 | Report<br>5 60<br>5 60<br>5 60<br>Total | 64 65<br>8 40<br>11 20<br>39 20<br>123 45 | Bén. f. 23 25 |
| 8 »<br>7 50<br>Total<br>Bénéf. | 240 »<br>225 »<br>465 »<br>f. 75 » | | | | | | | | | | | | | |
| 7 20<br>7 50<br>Total<br>Bénéf. | 105 »<br>112 50<br>217 50<br>37 50 | | | | | | | | | | | | | |

| FOLIO DU CRÉDIT | | DATES D'ENTRÉE | | NOMS DES VENDEURS | VILLE | Nos du VENDEUR | ESCOMPTE | DÉSIGNATION DE LA MARCHANDISE | ENTRÉE N° D'ORDRE | QUANTITÉ | | PRIX NET D'ACHAT | | Total DE L'ENTRÉE | | SORTIE DATES de la SORTIE | | QUANTITÉ | | PRIX DE VENTE | | Total de la SORTIE | | Folios du débit |
|---|---|---|---|---|---|---|---|---|---|---|---|---|---|---|---|---|---|---|---|---|---|---|---|---|
| inventaire | | 1868 | | | | | | | | | | | | | | | 1868 | | | | | | | |
| » | 2 | Octob. | 1er | Montagnac | Mulhouse | 526 | 15 o/o | Velours de laine, marron | 40 | 25 | » | 19 | 50 | 487 | 50 | 3 | Novemb. | 25 | » | 25 | » | 625 | » | 4 |
| » | 2 | » | » | » | » | 527 | » | » » | 41 | 23 | 50 | » | » | 459 | 25 | » | » | 23 | 50 | » | » | 587 | 50 | » |
| » | 2 | » | » | » | » | 528 | » | » » | 42 | 22 | » | » | » | 429 | » | » | » | 22 | » | » | » | 550 | » | » |
| » | 2 | » | » | » | » | 529 | » | » » | 43 | 22 | 25 | » | » | 433 | 85 | » | » | 22 | 25 | » | » | 556 | 25 | » |
| » | 2 | » | » | » | » | 530 | » | » » | 44 | 29 | » | » | » | 565 | 50 | » | » | 29 | » | » | » | 725 | » | » |
| » | 2 | » | » | » | » | 531 | » | » » | 45 | 27 | » | » | » | 526 | 50 | » | » | 27 | » | » | » | 675 | » | » |
| » | 2 | » | » | » | » | 532 | » | » » | 46 | 23 | 15 | » | » | 450 | 40 | » | » | 23 | 15 | » | » | 578 | 75 | » |
| » | 2 | » | » | » | » | 533 | » | » » | 47 | 24 | 50 | » | » | 477 | 75 | » | » | 24 | 50 | » | » | 612 | 50 | » |
| » | 2 | » | » | » | » | 620 | » | » gris | 48 | 18 | » | 21 | » | 378 | » | » | » | 18 | » | » | » | 450 | » | » |
| » | 2 | » | » | » | » | 621 | » | » » | 49 | 18 | 25 | » | » | 383 | 25 | » | » | 18 | 25 | » | » | 456 | 25 | » |
| » | 2 | » | » | » | » | 622 | » | » » | 50 | 20 | 30 | » | » | 426 | 30 | » | » | 20 | 30 | » | » | 507 | 50 | » |
| » | 2 | » | » | » | » | 623 | » | » » | 51 | 15 | 20 | » | » | 319 | 20 | » | » | 15 | 20 | » | » | 380 | » | » |
| » | 2 | » | » | » | » | 624 | » | » » | 52 | 19 | 30 | » | » | 405 | 50 | » | » | 19 | 30 | » | » | 482 | 50 | » |
| » | 2 | » | » | » | » | 625 | » | » » | 53 | 22 | » | » | » | 462 | » | » | » | 22 | » | » | » | 550 | » | » |
| » | 2 | » | » | » | » | 626 | » | » » | 54 | 25 | » | » | » | 525 | » | » | » | 25 | » | » | » | 625 | » | » |
| » | 2 | » | » | » | » | 627 | » | » » | 55 | 24 | » | » | » | 504 | » | » | » | 24 | » | » | » | 600 | » | » |
| » | 2 | » | » | » | » | 628 | » | » » | 56 | 24 | 50 | » | » | 514 | 50 | » | » | 24 | 50 | » | » | 612 | 50 | » |
| » | 3 | » | » | » | » | 629 | » | » » | 57 | 23 | 20 | » | » | 487 | 20 | » | » | 23 | 20 | » | » | 580 | » | » |
| » | 3 | » | » | » | » | 700 | » | » ciel bleu | 58 | 22 | » | 23 | 50 | 517 | » | » | » | 22 | » | » | » | 550 | » | » |
| » | 3 | » | » | » | » | 701 | » | » bleu de roi | 59 | 21 | » | 20 | 50 | 430 | 50 | » | » | 21 | » | » | » | 525 | » | » |
| » | 3 | » | » | » | » | 702 | » | » » | 60 | 28 | 75 | » | » | 589 | 35 | » | » | 28 | 75 | » | » | 718 | 75 | » |
| » | 3 | » | » | » | » | 703 | » | » » | 61 | 25 | » | » | » | 512 | 50 | | | | | | | | | |
| » | 3 | » | » | » | » | 704 | » | » » | 62 | 18 | » | » | » | 369 | » | 3 | Novem | 18 | » | 25 | » | 450 | » | 4 |
| » | 3 | » | » | » | » | 705 | » | » » | 63 | 17 | » | » | » | 348 | 50 | » | » | 17 | » | » | » | 425 | » | » |
| » | 3 | » | » | » | » | 706 | » | » » | 64 | 19 | » | » | » | 389 | 30 | | | | | | | | | |
| » | 3 | » | » | » | » | 707 | » | » bleu clair | 65 | 21 | 25 | » | » | 435 | 60 | 3 | Novem | 21 | 25 | 25 | » | 531 | 25 | 4 |
| » | 3 | » | » | » | » | 708 | » | » » | 66 | 20 | » | » | » | 410 | » | » | » | 20 | » | » | » | 500 | » | » |
| » | 3 | » | » | » | » | 709 | » | » » | 67 | 20 | 75 | » | » | 425 | 35 | » | » | 20 | 75 | » | » | 518 | 75 | » |
| » | 3 | » | » | » | » | 710 | » | » » | 68 | 23 | 50 | » | » | 481 | 75 | » | » | 23 | 50 | » | » | 587 | 50 | » |
| » | 3 | » | » | » | » | 711 | » | » » | 69 | 22 | » | » | » | 451 | » | » | » | 22 | » | » | » | 550 | » | » |
| » | 3 | » | » | » | » | 712 | » | » » | 70 | 24 | » | » | » | 492 | » | » | » | 24 | » | » | » | 600 | » | » |

*Après le mois il faut, à la sortie, le nom de l'acheteur et la ville.*

| FOLIOS des CRÉDITS | | DATE D'ENTRÉE | | NOMS DES VENDEURS | VILLES | Numéros des Vendeurs | ESCOMPTES | DÉSIGNATION DES ARTICLES | |
|---|---|---|---|---|---|---|---|---|---|
| | | 1868 | | | | | | | |
| Inventaire | | Octob. | 1er | Barbaroux | Elbeuf. | 2005 | 13 o/o | Satin de laine noir 5/8 | |
| » | 3 | » | » | » | » | 2006 | » | » | » |
| » | 3 | » | » | » | » | 2007 | » | » | » |
| » | 3 | » | » | » | » | 2008 | » | » | » |
| » | 3 | » | » | » | » | 2009 | » | » | bleu de roi |
| » | 3 | » | » | » | » | 2010 | » | » | » |
| » | 3 | » | » | » | » | 2011 | » | Zéphir | vert russe |
| » | 3 | » | » | » | » | 2079 | » | » | bleu de ciel |
| » | 3 | » | » | » | » | 2100 | » | » | noir |
| » | 3 | » | » | » | » | 2101 | » | » | bleu de roi |
| » | 3 | » | » | » | » | 2102 | » | » | marron clair |
| » | 3 | » | » | » | » | 2103 | » | » | marron foncé |
| » | 3 | » | » | Quentin | Paris | 532 | 7 o/o | Panne | rouge |
| » | 3 | » | » | » | » | 533 | » | » | orange |
| » | 3 | » | » | » | » | 530 | » | » | bleue |
| » | 4 | » | » | » | » | 560 | » | » | jaune |
| » | 4 | » | » | » | » | 582 | » | » | rouge |
| » | 4 | » | » | » | » | 600 | » | » | amaranthe |
| » | 4 | » | » | Barbaroux | Elbeuf | 1938 | 13 o/o | Drap noir | |
| » | 4 | » | » | » | » | 1945 | » | » | |
| » | 4 | » | » | » | » | 1947 | » | » | |
| » | 4 | » | » | Bartès | Paris | 208 | 5 o/o | Paires bas coton | |
| » | 4 | » | » | » | » | 312 | » | Paires chaussettes coton | |
| » | 4 | » | » | » | » | 198 | » | » | |
| » | 4 | » | » | » | » | 404 | » | » | |
| Achat | 1 | » | 17 | Barbier | Paris | 3009 | 5 o/o | Rubans bleu | |
| » | 1 | » | » | » | » | 3160 | » | » vert | |
| » | 1 | » | » | » | » | 3040 | » | » orange | |
| » | 1 | » | » | » | » | 3602 | » | » jonquille | |
| » | 1 | » | » | » | » | 440 | » | Boutons chemises | |
| » | 1 | » | » | » | » | 459 | » | » nacre | |



ENTRÉE — SORTIE

*Après le mois il faut, à la sortie, le nom de l'acheteur et la ville*

| N° d'ordre | ENTRÉE QUANTITÉ | | PRIX D'ACHAT | | Total DE L'ENTRÉE | | SORTIE DATES DE LA SORTIE | | QUANTITÉ | | PRIX DE VENTE | | Total de la SORTIE | | Folio du débit |
|---|---|---|---|---|---|---|---|---|---|---|---|---|---|---|---|
| | | | | | | | | 1868 | | | | | | | |
| 71 | 31 | 25 | 7 | » | 218 | 75 | 15 | Nov. | 31 | 25 | 9 | 80 | 306 | 25 | 5 |
| 72 | 30 | » | 9 | 50 | 285 | » | 25 | » | 30 | » | 11 | 90 | 357 | 00 | 5 |
| 73 | 29 | 50 | 6 | 75 | 199 | 10 | 7 | Déc. | 29 | 50 | 8 | 50 | 250 | 75 | 6 |
| 74 | 18 | 75 | 9 | » | 168 | 75 | » | » | 18 | 75 | 11 | » | 206 | 25 | 6 |
| 75 | 14 | » | 10 | » | 140 | » | 21 | Nov. | 14 | » | 12 | 50 | 175 | | 5 |
| 76 | 17 | » | 12 | 25 | 208 | 25 | 14 | Déc. | 17 | » | 15 | » | 255 | » | 6 |
| 77 | 22 | » | 13 | » | 286 | » | | | | | | | | | |
| 78 | 28 | 35 | 14 | » | 296 | 90 | | | | | | | | | |
| 79 | 27 | » | 9 | 20 | 248 | 40 | | | | | | | | | |
| 80 | 25 | 50 | 17 | » | 433 | 50 | | | | | | | | | |
| 81 | 22 | 25 | 19 | » | 422 | 75 | 14 | Déc. | 22 | 25 | 23 | 75 | 528 | 45 | 6 |
| 82 | 18 | » | 16 | » | 288 | » | 19 | Nov. | 18 | » | 20 | » | 360 | » | 5 |
| 83 | 15 | » | 8 | 10 | 121 | 50 | 14 | Déc. | 15 | » | 10 | » | 150 | » | 6 |
| 84 | 15 | » | 8 | » | 120 | » | 25 | Octob. | 15 | » | 9 | 60 | 144 | » | 3 |
| 85 | 25 | » | 9 | 25 | 231 | 25 | | | | | | | | | |
| 86 | 23 | 55 | 6 | » | 141 | 30 | | | | | | | | | |
| 87 | 9 | 20 | 5 | » | 46 | » | | | | | | | | | |
| 88 | 12 | » | 10 | 50 | 126 | » | | | | | | | | | |
| 89 | 32 | » | 15 | » | 480 | » | | | | | | | | | |
| 90 | 35 | » | 16 | 50 | 477 | 50 | | | | | | | | | |
| 91 | 29 | 75 | 19 | 25 | 570 | 70 | | | | | | | | | |
| 92 | 24 | dnes | 24 | » | 576 | » | 12 | Déc. | 24 | dnes | 30 | » | 691 | 20 | 6 |
| 93 | 48 | dnes | 27 | » | 1296 | » | | | | | | | | | |
| 94 | 6 | » | 32 | » | 192 | » | | | | | | | | | |
| 95 | 100 | » | 12 | » | 1200 | » | | | | | | | | | |
| 96 | 1000 | 50 | 1 | » | 1000 | 50 | 30 | Nov. | 1000 | 50 | 1 | 35 | 1350 | 65 | 5 |
| 97 | 500 | 25 | 2 | 50 | 1250 | » | 9 | Déc. | 500 | » | 3 | 70 | 1850 | 90 | 6 |
| 98 | 510 | » | 1 | 75 | 892 | 50 | 10 | » | 510 | » | 2 | 10 | 1071 | » | 6 |
| 99 | 1000 | » | 3 | » | 3000 | » | » | » | 1000 | » | 3 | 70 | 3700 | » | 6 |
| 100 | 208 | grss | 3 | » | 624 | » | » | » | 208 | grss | 3 | 70 | 769 | 60 | 6 |
| 101 | 300 | » | 7 | 20 | 2160 | » | 9 | Déc. | 300 | » | 8 | 90 | 2670 | 00 | 6 |

| FOLIOS des CRÉDITS | | DATES D'ENTRÉE | | NOMS des VENDEURS | VILLES | N° des VENDEURS | ESCOMPTE | DÉSIGNATION DES ARTICLES |
|---|---|---|---|---|---|---|---|---|
| | | 1868 | | | | | | |
| Achats | 1 | Octob. | 15 | Jovinet | Elbeuf | 700 | s/ esc. | Article pour pantalon |
| » | 1 | » | 17 | Dufour | Paris | 3022 | 15 o/o | Fleurs assorties |
| » | 1 | » | » | Taffonneau | Reims | 1001 | 10 » | Fantaisie d'été |
| » | 1 | » | » | Boistelle | Lyon | 802 | s/ esc. | Velours noir soie et coton |
| » | 1 | » | 18 | Labrosse | Sedan | 10300 | 15 o/o | Drap noir |
| » | 1 | » | » | Dochnel | Rouen | 975 | 15 » | Cotonnade |
| » | 1 | » | » | Barbaroux | Elbeuf | 2023 | 13 » | Drap bleu de roi |
| » | 1 | » | 19 | Bouchez | Reims | 1520 | 15 » | Fantaisie d'été |
| » | 1 | » | » | Montagnac | Mulhouse | 800 | 15 » | Velour de laine, marron |
| » | 2 | Nov. | 1er | Blanville | Paris | 720 | s/ esc. | Casimir Jonquille 5/8 |
| » | 2 | » | 3 | Michaud | Lyon | 880 | 15 o/o | Grain de poudre soie |
| | 2 | » | » | Montagnac | Mulhouse | 850 | 18 » | Velour de laine bleu |
| » | 2 | » | 4 | Millot | Paris | 430 | 4 » | Serge verte |
| » | 2 | » | 5 | Dufour | » | 30250 | 15 » | Fleurs assorties |
| » | 2 | » | 15 | Boistel | Lyon | 870 | s/ esc. | Velour noir soie et coton |
| » | 2 | » | 16 | Doehnel | Rouen | 999 | 15 o/o | Cotonnade |
| » | 3 | » | 18 | Barbaroux | Elbeuf | 2040 | 13 » | Drap vert russe |
| » | 2 | » | » | Taffonneau | Reims | 1049 | 10 » | Flanelle rouge |
| » | 2 | » | 19 | Bartès | Paris | 510 | 5 » | Paires bas coton |
| » | 2 | » | 22 | Millot | » | 420 | 4 » | Serge rouge |
| » | 2 | » | » | Montagnac | Mulhouse | 880 | 15 » | Velour de laine grenat |
| » | 2 | » | » | Blanville | Paris | 760 | s/ esc. | Satin blanc 5/8 |
| » | 2 | » | 23 | Bouchez | Reims | 1525 | 15 o/o | Flanelle verte |
| » | 2 | » | 24 | Doehnel | Rouen | 1050 | 15 » | Cotonnade |
| » | 3 | Déc. | 1 | Montagnac | Mulhouse | 901 | 15 » | Velours de laine violet |
| » | » | » | 3 | Lheureux | Paris | 1020 | 15 » | Jupons d'acier, assortis |
| » | » | » | 9 | Renaud | » | 219 | s/ esc. | Palmes or faux |
| » | » | » | 16 | Barbier | » | 785 | 5 o/o | Rubans verts |
| » | » | » | 18 | Boistelle | Lyon | 939 | s/ esc. | Velour noir soie et coton |
| » | » | » | 20 | Labrosse | Sedan | 10420 | 15 o/o | Drap violet |
| » | » | » | 23 | Barbaroux | Elbeuf | 2079 | 13 » | Drap marron |





| | ENTRÉE | | | | | | SORTIE | | | | | | | | |
|---|---|---|---|---|---|---|---|---|---|---|---|---|---|---|---|
| N° D'ORDRE | QUANTITÉ | | PRIX D'ACHAT | | Total DE L'ENTRÉE | | DATES DE LA SORTIE | | QUANTITÉ | | PRIX DE VENTE | | Total DE LA SORTIE | | Folio du débit |
| | | | | | | | | 1868 | | | | | | | |
| 102 | 15 | » | 15 | » | 225 | » | | | | | | | | | |
| 103 | 1 | grse | 22 | » | 22 | » | 11 | Déc. | 1 | gse | 27 | » | 27 | » | 6 |
| 104 | 25 | m. | 6 | » | 150 | » | » | » | 25 | m. | 7 | 50 | 187 | 50 | 6 |
| 105 | 10 | m. | 11 | » | 110 | » | » | » | 10 | m. | 13 | 80 | 138 | » | 6 |
| 106 | 25 | 50 | 21 | » | 535 | 50 | | | | | | | | | |
| 107 | 22 | » | 2 | » | 44 | » | | | | | | | | | |
| 108 | 20 | 50 | 18 | » | 369 | » | | | | | | | | | |
| 109 | 32 | » | 5 | » | 160 | » | | | | | | | | | |
| 110 | 21 | » | 19 | 50 | 409 | 50 | | | | | | | | | |
| 111 | 3 | » | 15 | » | 45 | » | | | | | | | | | |
| 112 | 25 | 50 | 12 | » | 306 | » | | | | | | | | | |
| 113 | 22 | » | 20 | » | 440 | » | | | | | | | | | |
| 114 | 27 | 25 | 5 | » | 136 | 25 | | | | | | | | | |
| 115 | 2 | grses | 24 | » | 48 | » | 20 | Déc. | 2 | gses | 34 | 50 | 58 | 65 | 7 |
| 116 | 10 | m | 12 | » | 120 | » | 18 | Déc. | 10 | m. | 16 | 50 | 148 | 50 | 7 |
| 117 | 25 | m. | 1 | 75 | 43 | 75 | » | » | 25 | m. | 2 | 30 | 51 | 75 | 7 |
| 118 | 17 | m. | 17 | » | 289 | » | 20 | » | 17 | m. | 24 | 30 | 351 | 15 | 7 |
| 119 | 22 | 50 | 4 | » | 90 | » | | | | | | | | | |
| 120 | 5 | dnes | 34 | 50 | 172 | 50 | 12 | Déc. | 5 | dnes | 43 | » | 215 | » | 6 |
| 121 | 18 | m. | 6 | 25 | 112 | 50 | 22 | » | 18 | m. | 7 | 75 | 139 | 50 | 7 |
| 122 | 20 | 50 | 21 | » | 430 | 50 | | | | | | | | | |
| 123 | 3 | » | 15 | » | 45 | » | | | | | | | | | |
| 124 | 33 | » | 2 | 50 | 82 | 50 | | | | | | | | | |
| 125 | 23 | » | 2 | 25 | 51 | 75 | | | | | | | | | |
| 126 | 15 | » | 23 | » | 345 | » | | | | | | | | | |
| 127 | 1 | dne | 10 | » | 10 | » | 22 | Déc. | 1 | dnes | 12 | 50 | 12 | 50 | 7 |
| 128 | 1/2 | dne | 7 | 50 | 3 | 75 | | | | | | | | | |
| 129 | 100 | m. | 2 | 50 | 250 | » | 25 | Déc. | 100 | m. | 3 | 10 | 310 | » | 7 |
| 130 | 10 | m. | 13 | » | 130 | » | | | | | | | | | |
| 131 | 32 | m. | 24 | 50 | 784 | » | 23 | Déc. | 32 | m. | 30 | 55 | 977 | 60 | 7 |
| 132 | 21 | 50 | 19 | » | 398 | 50 | | | | | | | | | |

*Après le mois il faut, à la sortie, le nom de l'acheteur et la ville.*

A l'examen du livre que nous présentons ci-contre avec trois variations on s'assurera de la certitude des principes que nous enseignons : il est loisible de le modifier encore, selon *l'appréciation* ou le genre d'échange, cela est même nécessaire; mais le principe doit être sacré car il est vrai, exact qu'on le commente très sérieusement dans notre pratique.

**INDICATION DES PARTICULARITÉS ET DE LEUR TRANSFORMATION DE PRIX ET DE QUANTITÉS.**

Au folio 1 2 3 4 5 est la sortie d'ensemble comme l'entrée, escompte d'achat et de vente déduit; à gauche le folio qui atteste la concordance avec les livres d'inventaire et d'achat, à droite celui qui indique de quelle page du Journal de la vente est sortie la marchandise; plus tous les rensignements désirables dans le corps des tableaux à l'entrée et à la sortie. Il ne serait possible en rien de restreindre; mais pour emplifier on pourrait ajouter deux colonnes à la sortie, l'une pour contenir les escomptes faits sur paiements, l'autre pour les intérets obtenus sur retards, et agir de même à l'entrée; enfin il serait peut-être utile de constater la différence du prix d'achat sur celui de vente.

Ceci nous a paru de médiocre importance c'est pourquoi nous ne l'avons pas classé; mais il ne faut pas hésiter s'il y a satisfaction plus complète à se le procurer.

Quand au folio 2, il représente la réglure et l'exécution d'une sortie de détail, et signale le bénéfice obtenu; nous ne croyons pas davantage pour lui qu'il soit possible de prétendre à des détails surabondants, pas plus qu'à un développement incomplet, et nous soutenons que l'entrée et la sortie permettent de suivre et de recomposer un produit, jusque dans ses plus petits aperçus. Si à toute sortie nous n'avons pas mis le nom des acheteurs, c'est faute d'espace il est très-utile, ainsi que la ville.

# ASSOCIATIONS, SOCIÉTÉS, PARTICIPATIONS, NAVIRES, FOIRES

## Associations — Sociétés Participations

Il y a quatre espèces de Sociétés donc la série est complète, le terme atteint ; par suite de cette loi naturelle que l'homme physiquement se développe en quatre époques : l'enfance, la jeunesse, l'âge mûr, la vieillesse, qu'intellectuellement il subit la même loi ; que l'éclosion des sciences et leur définitif établissement en représentent exactement la division et la progression. — Ni plus ni moins pour toutes les productions du cerveau humain, la Comptabilité comprise. PARTIE SIMPLE, PARTIE DOUBLE, JOURNAL GRAND-LIVRE, COMPTABILITÉ.

Trois de ces Sociétés sont reconnues par la loi, une ne l'est pas encore.

Les trois reconnues sont :

1° *La Société en noms collectifs*, INTÉRÊTS AU CAPITAL, BÉNÉFICES AU TRAVAIL !
2° *La Société en commandite*, INTÉRÊTS ET PARTIE DES BÉNÉFICES, AU CAPITAL !
3° *La Société anonyme*, INTÉRÊTS ET TOUS LES BÉNÉFICES AU CAPITAL !

celle non reconnue est :

4° *La Société coopérative*, REMBOURS[t]. DU CAPITAL ET BÉNÉFICES AU TRAVAIL !

Sur ces quatre sociétés deux sont des *associations* deux sont des *sociations*. *Association* ou responsabilité illimité, *sociation*, responsabilité limitée à l'apport. *Association :* perte ou bénéfice équilibrés. *sociation :* pertes ou bénéfice proportionnés.

1° ASSOCIATION de Capital et de Travail : — Sociétés en noms collectifs !
2° ASSOCIATION du Capital et du Travail : — Sociétés en commandite !
3° SOCIÉTÉ de Capitaux entre eux : — Sociétés anonymes !
4° SOCIÉTÉ de Travaux entre eux : — Sociétés coopératives !

La Comptabilité des Sociétés ne diffère de celle propre à un seul négociant qu'au début à l'ouverture des livres et à la fin pour la clôture. Le début qui porte les associés ou les sociétaires débiteurs de leur engagement social, la fin qui applique aux associés ou aux sociétaires les bénéfices ou les pertes en placo de les laisser au capital.

PARTICIPATION. La participation est de 1/4, 1|2, 1|3, 3/4 ou plus ou moins selon la quantité de participants pour *une opération spéciale* et veut un livre spécial pour l'achat, la vente et les frais.

« La Société coopérative est la plus complète, la plus juste, la plus praticable ! »

### Navires.

Un navire est présenté comme meuble, par la loi, pour nous c'est un immeuble. Son non général, bâtiment, préconise en faveur de cette dernière classification.

La mobilité qu'il ne tient que de l'élément sur lequel il pose ou du but que l'on veut atteindre par son usage, ne doit pas imposer ou fausser les notions.

Quoiqu'il en soit provenant d'un constructeur c'est une marchandise pour lui; servant à un armateur c'est son immeuble ou meuble, comme on voudra, mais en tous cas un *magasin* mobile, un *local* glissant; de même pour l'exportateur qui possède un ou plusieurs navires, *bâtiments*, pour le transport de ses marchandises.

### Foires.

Utilisée pour la vente c'est une subdivision de la vente.

Utilisée pour l'achat c'est une subdivision de l'achat.

Utilsée pour la vente et l'achat c'est une subdivision de l'un et de l'autre.

Si importance et séjour long il y a, la personne allant en foire doit avoir ses livres.

---

## VIREMENTS, COMMERCES AU COMPTANT

### Virements.

Des opérations de virements de *comptes* personnels a *comptes* personnels peuvent se présenter, même fréquemment dans certaines maisons de commerce, sans que l'intermédiaire d'une valeur commerciale, donc d'un *livre*, soit appelé en aide. Il faut dans ce cas un livre nouveau et c'est celui justement qui semble avoir été délaissé jusqu'ici, le *brouillard*. Il devient Journal des virements dont les totaux ont à être portés par débits et crédits à la centralisation, aux classifications débiteurs et créditeurs.

### Opérations au comptant.

*Ceci s'applique aux sociétés coopératives de consommation, et Pâtissiers, Épiciers, Mds de vins, Boulangers, etc.*

Tout commerce s'effectuant au comptant, achats et ventes ; doit se suffire avec un seul livre en tant qu'il s'agit des opérations actives.

Un livre d'inventaire et un de centralisation *annuelle* complètent les livres nécessaires, quoiqu'il soit très praticable de placer ces deux transcriptions dans le premier livre, ce qui réduit le tout à un. Après chaque exercice l'inventaire, aux dernières pages du livre la centralisation ou balance.

Quel est ce livre ? Celui de Caisse ! Exemple :

**Recettes.** Janvier 1869 **Dépenses.**

*pour une société de consommation.*

| | | VERSEMENTS des Sociétaires. | | VENTES | | | | FRAIS GÉNÉRAUX | | ACHATS | |
|---|---|---|---|---|---|---|---|---|---|---|---|
| 1er | Vente du jour | » | » | 1000 | » | 1er | Facture Perdreau | » | » | 700 | » |
| 2 | » | » | » | 1000 | » | 3 | » Trapet | » | » | 700 | » |
| 3 | » | » | » | 1000 | » | 4 | » Beauchery | » | » | 700 | » |
| 4 | » | » | » | 1000 | » | 5 | Frais divers | 700 | » | » | » |
| 5 | » | » | » | 1000 | » | 7 | Appointements Arthur | 100 | » | » | » |
| » | Perdreau | 5 | » | » | » | » | Gaz | 30 | » | » | » |
| » | Trapet | 5 | » | » | » | » | Assurance | 30 | » | » | » |
| » | Beauchery | 5 | » | » | » | » | Charbon | 25 | » | » | » |
| | | 15 | » | 5000 | » | | | 885 | » | 2100 | » |
| | | Souscription | | 15 | » | | Frais Généraux | | | 885 | » |
| | | | | 5015 | » | | | | | 2985 | » |
| | | | | » | » | | Espèces en caisse. | | | 2030 | » |
| | | | | » | » | | | | | 5015 | » |

Pour les Sociétés coopératives un livre de vente est nécessaire, les bénéfices se partagent au prorata des achats, les pertes au prorata des non achats.

On peut augmenter les colonnes s'il y a lieu ou changer leur dénomination ; au besoin il est loisible de placer ces divisions sur une seule page en disposant les quatre colonnes ou plus à droite de chaque page, quoi qu'il en soit il n'en ressort pas moins que l'on rencontre par ce modèle les recettes, les dépenses, les achats, les ventes, les frais généraux, etc.

Ate Beauchery,

*Comptable de la société civile de consommation :* LES ÉQUITABLES DE PARIS.

## TABLE DES MATIÈRES

www.ingramcontent.com/pod-product-compliance
Lightning Source LLC
Chambersburg PA
CBHW071517200326
41519CB00019B/5968

* 9 7 8 2 0 1 4 5 1 5 3 7 4 *